寻找城市

一名建筑师的欧洲旅行笔记　陈曦／著

中国建筑工业出版社

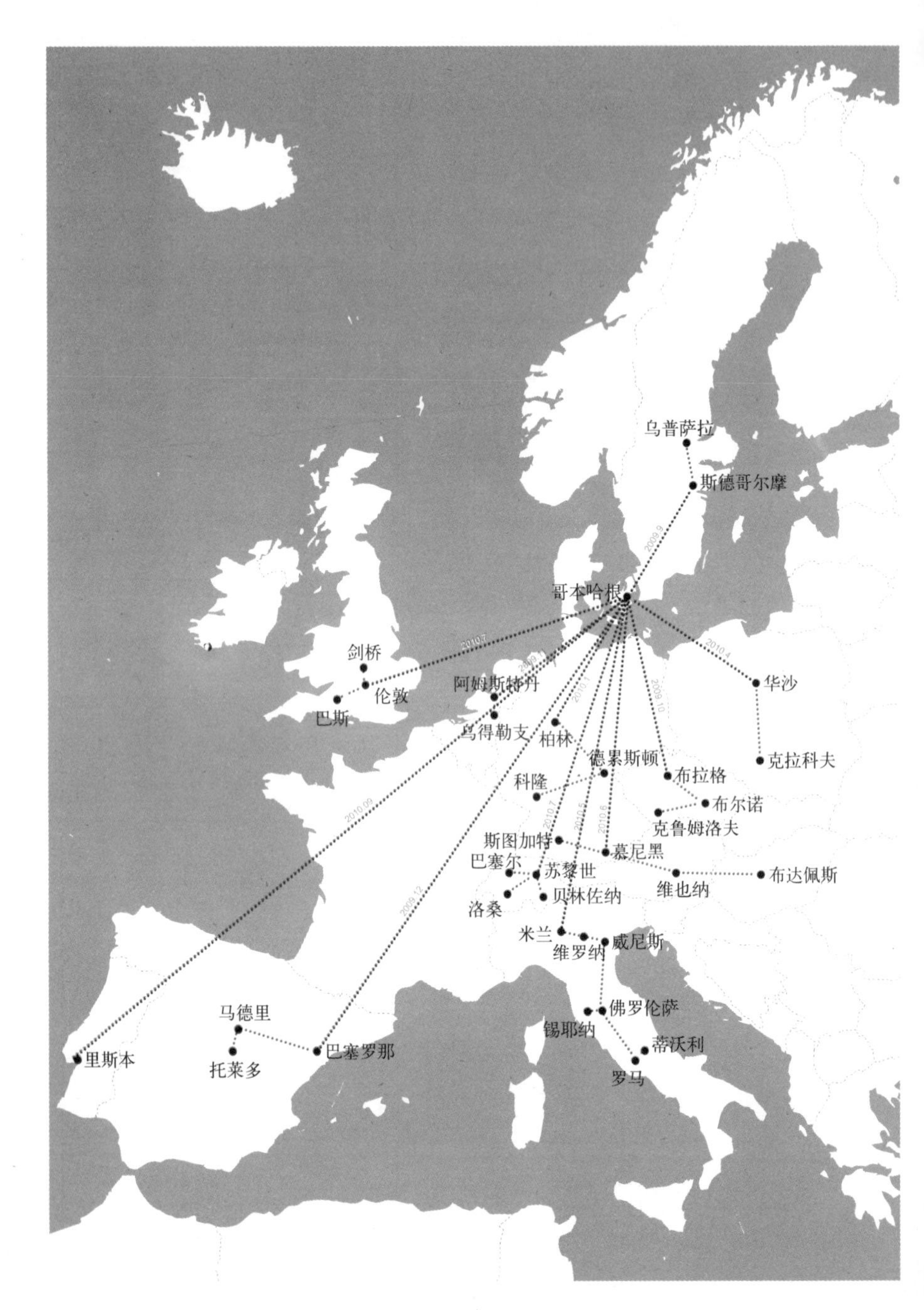

谨以此书献给我的父亲、母亲。

陈曦，生于1985年。本科毕业于清华大学建筑系，现于哈佛大学设计学院攻读建筑与城市设计硕士。曾于2009~2010年在丹麦B.I.G.建筑事务所工作一年，期间利用节假日时间走访欧陆城市与建筑，记录下大量笔记并拍摄了数万张摄影作品，后汇编整理成此书。

序

改革开放30多年来，我国城镇化发展迅速，城市建设如火如荼。为了走出一条符合中国国情的城市设计与建设之路，我们既要自主思索、埋头苦干，也要充分地学习和借鉴他人在城市设计与建设方面的成功经验，努力地做到“古为今用，洋为中用”，自主创新。这是我们当代中国建筑师、规划师的历史责任。本书的作者陈曦同学是我国近年来培养出来的80后建筑学子，他借在欧洲实习一年的机会，走访了一些欧洲国家的典型城市，记录下了他对欧洲城市和建筑设计的个人思考与感悟。这说明了我国年轻一代建筑学子勤奋好学、善于思考，反映出我国城市与建筑设计的人才队伍后继有人，很值得高兴和欣慰。

由于时间和经验所限，作者仅对部分欧洲城市进行了走访，其观察的角度和深度也有一定的局限性。但这本建筑旅行笔记图文并茂，文笔流畅，见闻有趣，对了解欧洲城市与建筑有一定的参考价值。我本人刚刚考察了意大利，对本书的意大利部分，我读来很有兴趣,感到有一定的信息量和一些独特的观点。因此我鼓励他整理发表出来，作为我们主流设计教学的补充性参考资料，相信年轻人特别是广大建筑学生与建筑师会喜欢这本书，能或多或少从中获得一些启发。

初识陈曦是在2006年中国建筑学会全国建筑院校学生设计竞赛中，他的设计作品《对话幸存者》在那次竞赛中获得了第3名的佳绩，作为评委会主席，我欣赏他和团队的巧妙构思，很高兴结识这样有才华的年轻人。后来得知他去了哈佛大学学习城市设计专业，很为他获得这么好的学习机遇而高兴。2009年夏天我邀请他到我的工作室实习了两个月，他勤奋踏实的工作态度、积极求索的创新精神和设计构思能力都给我留下了很深的印象。我衷心地希望他们这一代青年人好好学习，尽快成长，为中国的城市建设事业做出应有的贡献。

何镜

何镜堂（中国工程院院士）

自序 别处的城市

从古至今，人们都在寻找某个“别处”。

也许是一处风光，也许是一座城市，也许是一场梦境——“别处”往往象征着超越现实的存在，满足着人们对于美好的想象。

长久以来，欧洲在国人心中即是一处出世桃源。从“师夷长技”到“德先生赛先生”，数百年里，我们总是祈求从“西方”世界获取某种解决现实困惑的力量。

时至21世纪初，一位西方作家却在自己的亚洲见闻中惊呼，“世界是平的”——日趋激烈的全球化使世界的每一个角落趋于同步，甚至同一。眼见东方古国与西洋列国愈发地形似，“别处”仿佛已经成为了一个传说。

更令人担忧的是，对照令国人欣羡的“别处”，我们汲取的似乎不只是精华。

国人发明的“东方巴黎”、“东方威尼斯”、“东方日内瓦”等称谓，承载着“西天取经”式的梦想，却一步步逼近无可逃避的复制噩梦。

国人欢呼的“现代城市”—“特大城市”—“世界级城市”，披覆着普世价值与经济法则，却一天天生长为连续而单一的都市图景。

于是我们发现，当地标取代了街巷生活，当建筑换算成了经济指标，如今中国城市坐拥全世界最宽的马路、最大的广场、最贵的世博会、最快的摩天楼，却尚未以这“宽”、“大”、“贵”、“快”构筑起优美的环境、高效的街道、宜人的生活。

过去的两年里，我有幸在一家欧洲建筑事务所工作，用业余时间走访了许多欧洲城市与设计案例，获得了一些意想不到的解读：

论宽马路，公认最宜居城市的哥本哈根，在过去四十年里不断缩减机动车道，将城市中心改造回纯步行街区。

论大广场，享誉世界的威尼斯圣马可广场，被称为“欧洲最恢宏的画室”，方圆却只有天安门广场1/44大。

论贵建筑，1998年被誉为“最成功”的里斯本世界博览会，将工业荒地与垃圾场巧妙置换为新兴商业区，总耗资20亿欧元（仅相当于上海世博会的1/20）。

论快建设，巴塞罗那人心中的圣殿圣家族教堂，开工至今已过百年，工程只完成了不到一半。

旅行中，我目睹了许多城市片段与建筑场所，它们超越了都市与生活、现代与传统之间的二元对立，建立起公共与私有、人造与天然之间的和谐共存。点点滴滴的观察与反思汇成了这本小册子，希望从一个建筑师的视角，以随笔、摄影与速写相结合的形式，阐述来自“别处”的启发；也期望它能为关注欧洲城市与建筑发展、热衷旅行的朋友们提供一些素材。

“在不完美的世界中寻找美好的人与事，辨别他们，并赋予他们存在下去的空间。”这是一部小说为那些不可生活的城市写下的寄语。而“别处”的城市多少提醒着我们，城市理想始终存在于每个人的身边，只是等待被拾起。

陈曦

2011年1月

目　录

第一章　记忆中的城市

这城不会泄露它的过去，只会把它像掌纹一样藏起来，写在街角、在窗格子里、在楼梯的扶手上、在避雷针的天线上……

——［意大利］伊塔罗·卡尔维诺

意大利——城市的灵

威尼斯圣马可广场

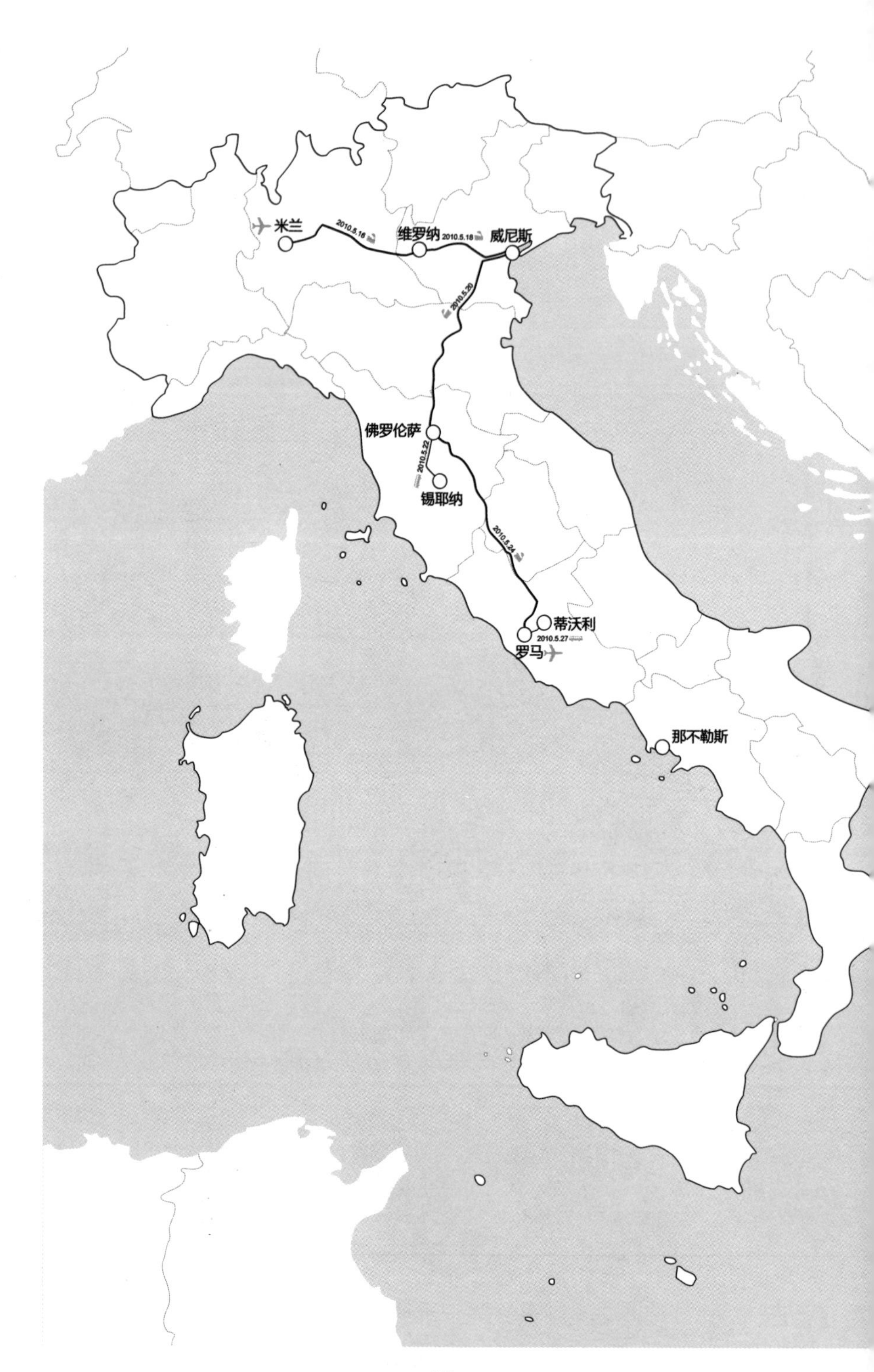
米兰
2010.5.16
维罗纳
2010.5.18
威尼斯
2010.5.20
佛罗伦萨
2010.5.22
锡耶纳
2010.5.24
蒂沃利
2010.5.27
罗马
那不勒斯

DAY 1: 米兰（Milan）
到达方式：机场大巴1小时可达市中心
停留时间：1天
城市说明：时尚与足球城
特色建筑：米兰大教堂、Shopping Center等

DAY 2: 维罗纳（Verona）
到达方式：从米兰出发火车2小时可达
停留时间：1天
城市说明：中世纪古城
特色建筑：古斗兽场、城堡以及Scarpa改造的博物馆

DAY 3: 威尼斯（Venice）
到达方式：从维罗纳火车2小时可直达大岛
停留时间：2天
城市说明：水陆纵横的两栖城市公共空间
特色建筑：圣马可教堂及广场建筑群、Scarpa设计的博物馆与古根海姆博物馆

DAY 5: 佛罗伦萨（Florence）
到达方式：从威尼斯出发火车3小时可达
停留时间：2天
城市说明：文艺复兴之都、托斯卡纳山区中心
特色建筑：伯鲁涅列斯基设计的百花大教堂穹顶、米开朗琪罗、拉斐尔等传世建筑与雕塑作品

DAY 7: 锡耶纳（Siena）
到达方式：从佛罗伦萨中心乘大巴或火车
停留时间：4天
城市说明：中世纪托斯卡纳山城
特色建筑：中心大教堂及脚下的田园广场

DAY 11: 罗马（Rome）
到达方式：从佛罗伦萨出发火车4小时可达
停留时间：1天
城市说明：意大利首都、历史名城
特色建筑：古罗马遗迹、梵蒂冈大教堂等

DAY 12: 蒂沃利（Tivoli）
到达方式：从罗马出发巴士2小时可达
停留时间：1天
城市说明：台地园林之城
特色建筑：哈德良别墅、埃斯特别墅等世界文化遗产

城市的灵

Soul of the Cities

离开意大利三天了，我本想赶快把笔记整理出来，却又迟迟不愿动笔，或许是因为害怕描述不出那至今残留在脑海里的梦幻。这种情境，以往只会与家乡有关。

半月的旅行，从米兰到维罗纳到威尼斯到佛罗伦萨到锡耶纳到蒂沃利到罗马。脚步越来越缓慢，心情却越来越惶恐。仿佛每一座城都在某处掩藏着它的魂，让我不忍心走得太快，怕是亵渎，或是惊扰。

比如威尼斯的魅力，不在于每一座建筑有多么华贵或者雄伟，而在于那蛛网般幻化的路径。相比于游人如织的圣马可，我更惊异于那些谜一样网罗交织的水陆巷陌。那些相连的街道和房屋，穿梭的桥与水，不断牵引着你的脚步，直到你终有一刻迷失在尽头；当然，你也有可能遇见死巷，目光随着几步台阶优雅地浸入运河水中；或许，你的脚步会从一线窄巷中硬生生挤出一个宏伟的广场，到处是新鲜水果的颜色以及孩子们踢球的身影。

最初意识到城有灵，是在锡耶纳的 Piazza del Campo 广场上。那天我就像广场上所有人一样，躺在起起伏伏的石板地上，简简单单地晒太阳。锡耶纳所有的街道都辐射状朝向广场，房屋和商店也都面向广场而建，据说这样一来居民们便不必停下手中的活或走出家门就可以听到广场上教堂的弥撒。很难相信这里曾经是数百年来王国执行死刑的场所——如今每年盛大的赛马节和戏剧节会用欢乐和汗水挤满每一寸土地，广场的一丝一发都牵动着锡耶纳人们的心。

威尼斯像一首曲，罗马则是一部古书。每一个字你都认得，却看不太清楚那章节句读，更不能通会其意蕴。这些城让人想起意大利人卡尔维诺的话，“这城不会泄露它的过去，只会把它像掌纹一样藏起来，写在街角、在窗格子里、在楼梯的扶手上、在避雷针的天线上……”

有一天在罗马郊外小山上寻找 Tempietto，却在地图上应到的位置看到一个充斥众多游人的大教堂。我打听了很久才得知其坐落于十米外一个毫不起眼的小院门内。步入那简朴的院门，却似宾客满堂。许多来自世界各地的年轻人坐在院子里画速写，还有些老者相互搀扶着踱着步子。临离开时，我看到某室内乐三人

右：罗马广场遗迹

THICO·ARABICO·ET
COS·III·PROCOS·ET
VI·COS·PROCOS·P·P
PROPAGATVM
Q R

乐团来拍他们的专辑封面。乐手们在这个不起眼的小房子前抖擞起礼服，端起提琴，以自己的作品来膜拜这古典中的古典。

在意大利，一路上所有的孩子都在踢球——回想在我印象中，中国的孩子们竟都是背着书包的。无论男女无论肤色，无论是在教堂门口还是运河旁边，无论是烈日下或是阴雨中，无处不在的足球成了这些城市年轻的影子，看得我心生嫉妒。

半个月的旅行中，我少有地迷了好几次路，而每次迷路的时候总会有惊喜。一次是在维罗纳，我意外地发现自己走在残破的古城墙废墟下，登上高处看到遗址上新修的引水渠里流水淙淙。一次是在锡耶纳，转到大教堂广场的背面，突见一座20米高的大台阶向下通向一个很微小的广场，往来游人坐在台阶上看书聊天吃冰淇淋——这一幕甚至比西班牙大台阶更突然更强烈更令人拍案叫绝。还有一次在罗马，转过奥古斯都的陵墓，抬头看见迈耶做的Ara Pacis博物馆，以前一直不以为然的白色构成的立面却在强烈阳光下显得异常纯粹和精确。最后一次是在找Tempietto的路上，痛苦地爬上了一条错误的山路，转身却突然发现整座罗马城如地图般摊开在面前。

于是我相信，当我离开这些城市的时候其实我还不曾真正发现它们。当我自以为游览罗马的时候，当我追随着所谓"古典"的遗迹的时候，也许不过是在记录它用来复述或掩饰自己的名词罢了。

然而这些已经足够令人迷醉其中了。

右：小城维罗纳
错落的民居

建筑几何

Architecture: Dancing on Geometry

罗马建筑给我留下的最深印象是它对于几何的探索与推崇，这也是贯穿古罗马建筑数千年的核心价值之一。在这样一座庞大恢宏的“建筑博物城”游走，无论是公元前27年建成的万神庙，还是20世纪中钢筋混凝土建构的小体育宫，都包含着对于基本几何形式与经典比例孜孜不倦的思考与探索。

比如万神庙的平面为正圆形，穹顶直径与高度都为43.3米，穹顶正上方设一直径8.9米的巨大开口。这样一个由纯球几何构成的集中式空间，在西方社会受到了长久的膜拜。

纯粹的几何式建筑究竟为什么受到罗马人特别的钟爱？这大概要从罗马文明的源头寻找答案。影响罗马文明至深的希腊哲学家柏拉图曾探讨过数学与文化的问题。他认为“数学与伦理学中的‘善’在理想化方面是相同的，用笔画出来的点、线、面都是一种抽象，也是一种理想。”不少当代学者，诸如Morris Kline，也提出数学是塑造西方文化的重要力量。

梵蒂冈圣彼得大教堂上俯瞰罗马城

左：万神庙
右：坦比埃多

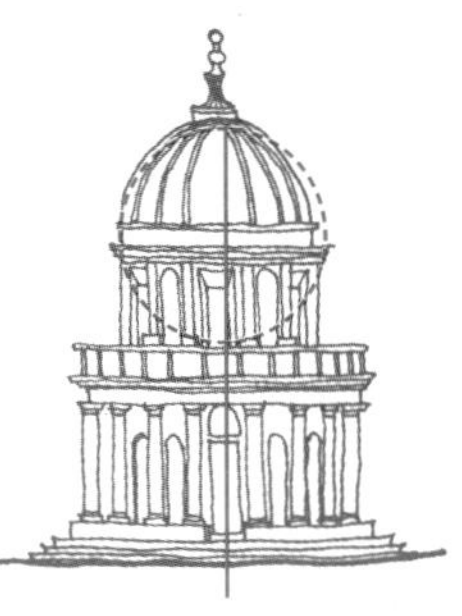

秉承着希腊人对于数学特别是几何学的推崇，古罗马人认为完美几何既表达了人类对于未知世界的崇拜与礼敬，又体现着人类理性文明的进步。所以他们会致力于用建筑这一介于人与环境之间的媒介将完美几何推向一个又一个巅峰，同时也造就了千年来罗马文明的建筑胜景。

万神庙建成一千多年以后，建筑师伯拉孟特重拾古典精神，从万神庙的几何构成中受到启发，将完美的半球几何用于坦比埃多的设计，并引起了轰动。坦比埃多作为唯一一例当时作品被阿尔伯蒂收入《建筑十书》，并影响了此后梵蒂冈圣彼得大教堂的设计思想。这座小教堂默默地坐落在罗马郊外的一座山上，掩映在台阶与树丛中。然而当我走进它朴素的院门，却发现宾客满堂——无数学生在院落的各个位置或坐或站，或素描或写生；还有一个古典乐团的乐手们带着提琴、长笛在院中拍摄自己专辑的封面。毫无疑问，这座建筑的比例与几何关系已经成为今日西方人眼中古典精神的完美诠释。

罗马建筑上的每一笔线条似乎都不是简单随机而成的。即使到了装饰繁复的巴洛克时期，波洛米尼等建筑师打破标准几何，大胆启用椭圆、弧线、多边形等不稳定要素，也同样遵循着严格的几何关系。例如圣卡罗教堂的设计中，波洛米尼信手拈来的各种几何图形在天花上重重叠加，创造出看似随机实则缜密的穹顶，成为巴洛克建筑打破古典范式垄断的经典代表。然而若仔细观察其中的结构就会发现，数不清的对称与比例关系和谐地统领着这一复杂的建筑作品，尽管律动不停，却仍有一种安静的美。这就好比从小就熟稔写实技法的画家如毕加索开始抽象创作，貌似无形却有风骨；或是已故的中国画家张大千，用西洋画的技法也可

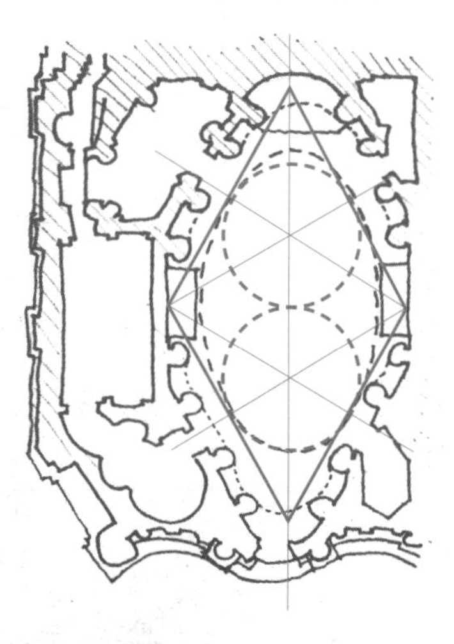

左：圣卡罗教堂
建筑师：波洛米尼

右：罗马小体育宫
建筑师：奈尔维

以自由地表现中国画的意境与格调。

走进奈尔维为1960年奥运会设计的小体育宫，便看到令人震撼的天花结构。简单的壳体网架采用肋与拱代替立柱来支撑大跨度的空间，营造出仿若万神庙等古典遗迹的几何秩序之美。结构工程师出身的奈尔维曾经说，几何应当与直觉在建筑中得到同样程度的运用，特别是在壳体结构中。他抱着这样一种“几何”的态度，操着一口现代建筑语言游走于古典的几何世界里，用纯净的建筑作品征服了梵蒂冈，最终赢得了设计梵蒂冈会堂的特殊委托。

罗马人在对几何的探索中展示出对于他们理性与科学的推崇，与之对应，我们是否可以认为中国建筑传统更多地用于体现民俗文化以及伦理秩序，且这种民俗文化所产生的象形建筑文化使国人更容易体察象征性与直觉的美？于是在中国，我们不难听到这样的疑问，“这个房子长得像什么？”

或许这就是罗马建筑的几何精神与我们形式语言的不同。

左：罗马小体育宫室外、模型

右：罗马小体育宫室内看台

朴实的木桩没有上漆，没有整形，斑斑驳驳歪七扭八地站在海里或者运河里，等着贡多拉们把绳子拴在自己身上。它们就是威尼斯的停车场。

右：威尼斯圣马可广场
下：从钟楼俯瞰威尼斯

陆上的威尼斯
Venice, Not only the Canals

久闻威尼斯水城的盛名，却未想到这里的陆上空间也如此鲜活。

这是我所遭遇过的最复杂的城市路网，仿若一座巨大的迷宫。如果不是走五步看一眼地图，我很快就会丢失方向。狭窄而密布的路网往往只可容一人通行。除去柳暗花明，我也常常遭遇走投无路。小桥、流水、窄巷、教堂、小广场，简单而相似的元素，却可以组成无数不同的城市情境。对于初来乍到的我而言，这一切显得毫无逻辑、异常复杂。

关于路网，起初我觉得有这样一种可能的解释：

在别的城市，路为骨骼，建筑为肌肉，所以房子沿着街排列得整整齐齐。而房子背街一侧与其他房子间的空隙，就会成为不规则的剩余空间。

而在威尼斯，水为骨骼，建筑为肌肉，因此房子沿着水整齐地排列，而非依常理沿路。房子背街一侧与其他房子之间的空隙就会成为不规则的剩余空间——因而形成了复杂度远超常规的道

路系统。

而那些形状古怪，宽窄各异的广场，则一次次冲击着我对于广场的理解。比如我在某个夏日的傍晚邂逅圣波罗广场，看到无数踢球的或是围着喷泉追逐的孩子，听到卖水果蔬菜的市集和充斥着这个城市生活的各种声音。

水城威尼斯里广场的尺度都不大，但假若穿过一条狭窄的小径，眼前突然出现宽敞的圣马可广场，你会不得不由衷称赞它非凡的表现力。这种因为空间比例和节奏的变化所展现出的非凡张力，带给人完全不同于从百米宽的长安街步入天安门广场的体验。

威尼斯·印象 2010/5/18

上、下：威尼斯书屋
以船为架、以河为门

“最美的书店”

“The Most Beautiful Bookstore”

右：威尼斯某巷
几步台阶优雅地浸入运河水中

这家小书店是我在威尼斯的旅行中最难忘的偶遇。它坐落于一条平淡的小街上，门外一块A4大小的纸板上用歪斜的英文字体写着“最美的书店”。

好奇心驱使我走进去瞧瞧。室内布置完全谈不上华丽，但装书的容器并非是普通的书架，而是很多条贡多拉，或置于地上，或吊在空中。斑驳的船体并不华丽，却有一种奇异的场景感，仿佛我们行走在水中而非路上。

书店的尽头有一扇开敞的门面向运河，探头望出去是运河两岸美丽的景色，而河水竟只低于书店的地平面10厘米。于是我们不难想象当河水高涨的时候，一艘艘载着书的贡多拉会真的成为威尼斯的水上流动图书馆。我们也不难憧憬书籍和智慧如何随着威尼斯涓涓的河水流淌进千家万户。

佛罗伦萨·印象 2010/5/21

建筑的胜利

Triumph of Architecture

下：佛罗伦萨大教堂穹顶
建筑师：伯鲁涅列斯基

右：佛罗伦萨大教堂广场
建筑师：阿诺佛·坎比奥

下页：从穹顶向下俯瞰

建筑成就标志着城市的兴衰，是自古以来不变的铁律。

13世纪末佛罗伦萨手工业行会从贵族手中夺取政权后，为纪念共和政体的胜利，人们决定建造佛罗伦萨花之圣母大教堂的穹顶。但由于穹顶跨度太大，技术难度太高，不仅工程迟迟未能完成，而且连模型和草图都没有人可以提供。

工程在停滞了百余年后，终于由全才建筑师伯鲁涅列斯基完成了设计。他不仅精通建筑建造，也在数学、透视学、雕塑、机械等方面有所建树。不同于以往的建筑，伯鲁涅列斯基在穹顶的底座特地砌了高12米的一段鼓座，使穹顶显得突出而挺拔。加上采光亭在内，教堂顶部高达107米，穹顶的直径为45米，它所体现的工程技术水平超过古罗马和拜占庭建筑，被视为文艺复兴时期建筑的代表作。

为减弱穹顶对支撑的鼓座的侧推力，伯鲁涅列斯基大胆地采用了双层骨格券结构。八边形的棱角各有主券结构，与顶上的采光亭连接成整体，形成独特的建筑形式。沿着穹顶螺旋一路攀爬，我真真切切地体验了这一双层壳结构。这个穹顶令我想起诺曼·福斯特为柏林议会大厦新建的穹顶，虽然议会大厦在视觉感受上更为开放，但它们在螺旋坡道体验上是不谋而合的。

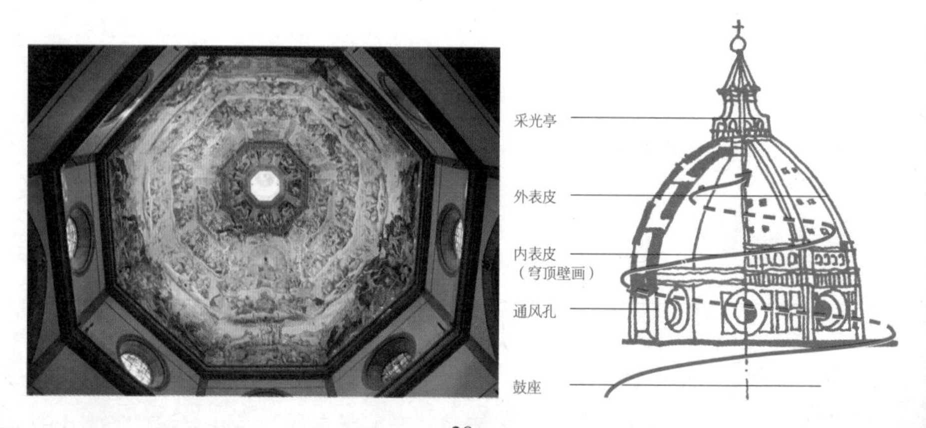

从穹顶看佛罗伦萨

戏剧性空间（一）

Dramatic Spaces, Siena

锡耶纳是一座典型的托斯卡纳山城。而山城，往往会暗示着戏剧性空间的发生。

我常常在低矮的民居中穿梭，一抬头瞥见路的拐角有一座大教堂或是小广场，看见几个踢球的孩子，也可能只有一位目光狐疑的老人；我也曾穿过一道小小的拱门，发现百尺悬崖，台阶向上或向下骤然展开，直至整座城市摊开在面前。

锡耶纳广场是全城的灵魂所在，形如扇贝的坡形铺砖上聚集着来自四面八方的游人，而周遭的一圈店铺，据说每一个锡耶纳家庭都占有一家。那天天气很暖和，我甚至不愿意浪费时间去排队等待登顶钟塔，而是安静地在广场上躺了一整个下午。看着那些晒太阳的游客，奔跑的儿童，亲昵的恋人，举行婚礼的新人，觉得这里仿若一座舞台，永不停歇地上演着城市里点点滴滴的喜怒哀乐。

很久以后我才知道，这座舞台上不只上演脉脉温情，还有喧哗的竞技、残酷的杀戮和安详的祈祷等。很久之前，这里有斗牛

将主人顶破了肚膛。也曾经，每天都有罪犯在此被处决示众。不知道从几时起，广场上的祭坛上每天都有弥撒，居民和手工艺人不必走出家门或停下手中的活就可以一同祷告。而每年夏天，几万人会聚在这里观看赛马节，尘土飞扬、人声鼎沸。

从中心广场向外，我尝试走出这座城，然而高低起伏的地势很快让我迷失了方位。于是我又回到了广场，因为全城的每一条道路都通向这里。

上：山城锡耶纳
惬意的人们

下：锡耶纳之魂
田园广场

戏剧性空间（二）

Dramatic Spaces, Siena

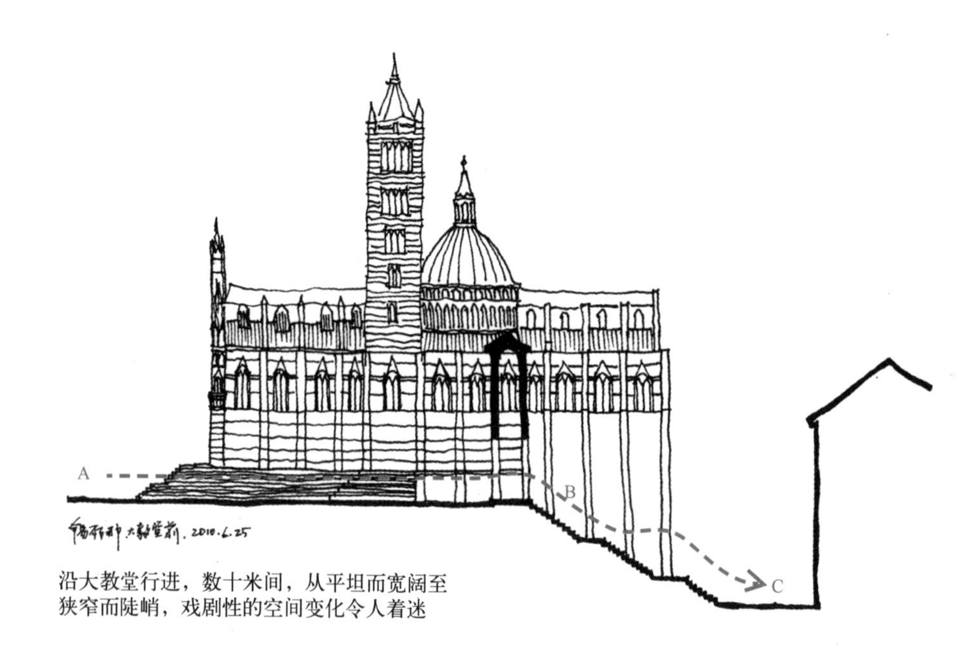

沿大教堂行进，数十米间，从平坦而宽阔至
狭窄而陡峭，戏剧性的空间变化令人着迷

A 锡耶纳大教堂正立面　B 锡耶纳大教堂侧面大台阶　C 锡耶纳大教堂背立面

锡耶纳田园广场一角

维罗纳 Piazza dei Signori广场旁小街

歪街窄巷
Alleys in Verona

历经千百年战乱与征掳，小城维罗纳幸运地保存至今，成了一座世界文化遗产城。这城也是罗密欧与朱丽叶的故乡，这城也伴随着但丁写下过动人诗篇。

说起维罗纳，故事可以讲三天三夜都不完。公元前1世纪的古罗马建造的古竞技场至今屹立，而角斗士的身影却换成了男高音歌唱家。

不过说到我对维罗纳的印象，最深的还是那些狭窄曲折的街巷。这些歪街窄巷，却能通行大型机动车，还能保证防火安全，这足足让我吃了一惊。

窄巷里，餐桌规规矩矩地放在路的中央，老人们安详地端起咖啡。

窄巷里，家家户户打开自己的窗，待阳光洒下，向邻居们微笑问好。

窄巷里，甚至连晾晒的彩色衣衫、被单都成了旅人眼中的风景。

不由得回想到了中国的大马路。

受限于种种规范标准，我们早已习惯于充当狭隘意义的“建筑”师，盖起一栋栋华美而彼此隔绝的房子，却把城市空间的连续性彻底抛在脑后；或者用简单机械的种树栽花来掩饰宽阔城市的生活空虚。

路不在宽，够装满市民的生活，则赢。

右：维罗纳老城小街

点点滴滴
Trickling Drops

因为享誉世界的园林建筑，蒂沃利（Tivoli）小镇的名字成为了欧洲各地游乐场的代名词。

距罗马 20 多公里的蒂沃利位于两条河流交汇之处，所以水源非常丰富，一直是古罗马富人们筑山理水建立避暑别院的最佳地点。公元初期的罗马皇帝哈德良和 16 世纪的公爵埃斯特，都曾不惜重金在这里打造自己的乐园。

借用从山上自然流下的水，埃斯特庄园（Villa d' Este）是一个以喷泉而闻名的典型意大利台地园，被收录在世界文化遗产目录中。层层叠下的园林与水景依照严格对称的平面规划错落有致。

比壮丽的叠落式水景更吸引我的，是那些花样百出的喷泉嘴，掩藏在水渠里、喷泉中、墙壁上的每一个角落里。对待设计中的点点滴滴都如此用心，难怪埃斯特庄园可以成为传世的园林作品。

蒂沃利　“百泉宫”埃斯特庄园

蒂沃利·笔记 2010/5/26

断章
Ruins

哈德良别墅（Villa d'Adriana）是罗马皇帝哈德良于公元117年起在罗马郊外的蒂沃利修建的夏宫。除了作为帝国皇帝个人休闲的花园别墅，这里法院、图书馆、画廊、神庙、竞技场、剧场、浴场、露天餐厅、旅馆、泳池等设施一应俱全。生命的最后几年里，哈德良基本丢弃了在罗马的行政办公场所，几乎不再离开蒂沃利的别墅，常常关闭在水上剧场沉浸在对同性至爱安提诺乌斯的追思中。

当我站在水上剧场的残垣断壁前，还不知道这段恋情轶事，只是震慑于这里的气场。这座建在环形水池中央的剧场，通过桥梁与周边连接，仿佛浮在水面上，形成了一种令岸边观者相隔咫尺却只能遥望的幻灭感。圆形平面的向心性与列柱产生的离心性相对比，水面的虚与建筑的实相对比，创造出一种恢宏却不失细腻的空间构成。

尽管这一占地100公顷的离宫在公元5世纪以后被荒废，如今只剩下一座废墟，但一代代收藏家、建筑师、艺术家仍然不停地从这里吸取营养。16世纪埃斯特公爵为了修建自己的庄园，从这里搬走了大量的建筑局部或雕塑。而20世纪末建筑师理查德·迈耶在设计洛杉矶的新盖蒂中心时，则直接借鉴了哈德良别墅的空间格局。

迈耶曾这样说过：建筑应当关乎人的体验，强烈的触觉或感知。每当我思考建筑的时候，我无法不想到罗马，从哈德良别墅到卡普拉罗拉，其中空间的序列、厚重实墙的存在、秩序感，以及建筑与环境彼此契合的方式。

如此看来，断章的意义还远没有断。

蒂沃利　哈德良别墅之水剧场遗址

下页：哈德良别墅之坎诺波运河

布拉格城堡皇宫内景

捷克——我所看见的波希米亚

当我想以一个词来表达神秘时，我只想到了布拉格。

——[德]尼采

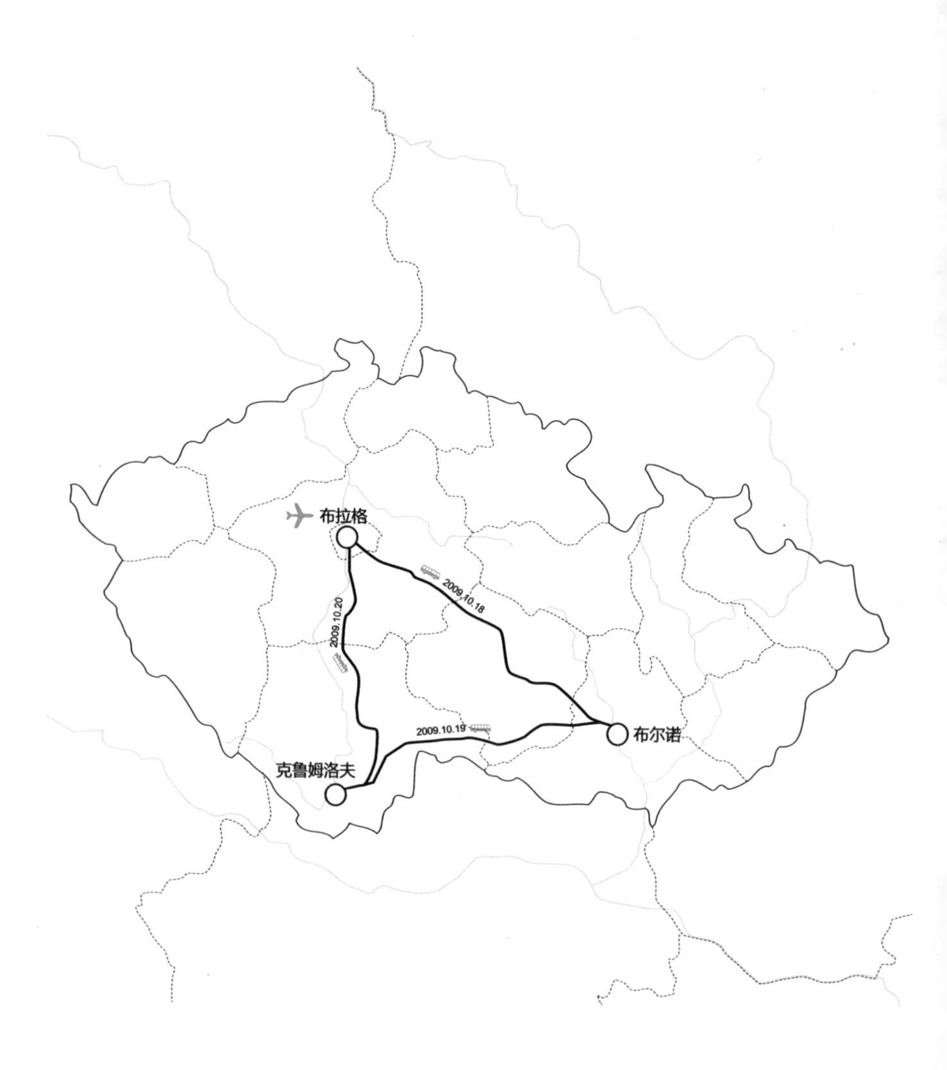

布拉格
2009.10.18
2009.10.20
2009.10.19
布尔诺
克鲁姆洛夫

DAY 1: 布拉格（Prague）
到达方式：机场乘公交车换地铁1小时可达市区。
停留时间：3天
城市说明：捷克首都，东欧历史文化名城。
特色建筑：布拉格城堡、老城广场、文策斯拉斯广场等。

DAY 4: 布尔诺（Brno）
到达方式：从布拉格出发大巴3小时可达
停留时间：1天
城市说明：古城，捷克第二大城市。
特色建筑：密斯·凡·德·罗之图根哈特住宅、布尔诺大教堂。

DAY 5: 克鲁姆洛夫（Cesky Krumlov）
到达方式：从布拉格或布尔诺出发大巴2.5小时可达
停留时间：1~2天
城市说明：依山傍水的中世纪小镇。
特色建筑：城堡区与老城区被联合国教科文组织列为世界文化遗产。

捷克·印象 2009/10/23

我所看见的波希米亚

Bohemian Rhapsody

凌晨一点，空荡荡的布拉格机场，我努力在躺椅上翻来倒去，可是无济于事。偌大的机场，只有我和邻座捷克汉子的鼾声做伴。5 小时后，我离开了这个传说中叫做波希米亚的地方。

在捷克的四天里我一直在暴走,一刻不停地按快门。美丽的风景让我沉溺于拍照中，傻傻地追逐着明信片上虚幻的角度。用第三只眼代替了自己来看布拉格，直到事后才高呼上当。

如果你问我布拉格好玩么，我会说挺漂亮的，有很多值得一看的东西。可是看过之后又觉得很假，觉得什么也没有记住。到处是各式票价不菲的城堡、教堂、广场，到处是各种肤色的游人，以及挂着各样招牌却卖着同样纪念品的商店。适合热恋中的情侣，也适合用定焦镜头拍清晰欢快的游人和背后迷离的城市。

只有天气让人感觉真实——刚过零度、一直阴天、时常飘雨，像极了卡夫卡笔下的城。因为很少能见到太阳，如果只拍建筑便始终没有阴影，所以拍出来的照片都很难看。

走前才知道，原来捷克就是历史上的波希米亚，捷克语中捷克和波希米亚就是一个词。关于波希米亚的来历和起源有好几种说法。一说是 15 世纪，很多行走世界的吉卜赛人都迁移到捷克的波希米亚，所以有模糊的传说，波希米亚人就是吉卜赛人。但因为他们日后被驱赶出捷克不得不漂流四方，所以波希米亚成了浪漫、自由和流浪的代名词。二说因为波希米亚人行走世界，服饰自然就混杂了所经之地各民族的影子：印度的刺绣亮片、西班牙的层叠波浪裙、摩洛哥的露肩肚兜皮流苏、北非的串珠……他们无力追求一件上好质地的衣物，也无法保持衣着光鲜，于是只能一点一点地添置和补充，却也别有一番黯淡破旧的流浪之美。

查理桥上回望布拉格老城

布拉格城无疑也正是这样一种混搭，现存的布拉格城堡从公元700年开始，就开始掺杂罗曼式、哥特式、巴洛克甚至20世纪初的新艺术运动等多种风格的片段。于是在哥特式基础的教堂上能看见巴洛克的穹顶，在飞扶壁的旁边还有罗曼式的侧厅。也许是两千多年被历代东西方帝国不断征服的屈辱历史造就了它，布拉格之春只是这漫长血泪史中的短暂缩影。对比起伊斯坦布尔蓝色清真寺和圣索菲亚教堂两个毗邻着的庞然大物间的冲突，布拉格城里的一切都很自然。美丽的建筑物是征服者们的烙印，没有什么是真正属于波希米亚，于是也就没有什么是不属于它的。一点点局部拼贴起的城市，就好像吉卜赛人一片片添置起来的服饰，迷惑了人眼，掩盖起最原始的那份悲伤。

尼采说："当我想以一个词来表达神秘时，我只想到了布拉格。"也许在这样的混搭中，人们用各样明信片记住了这座城。又或者，这座城在人们的印象里单薄得就好像一张明信片。据说由于二战时期德国人的统治，老城犹太区已经鲜有犹太人了。再经过四十余年苏联的高压统治，捷克已经没有太多人信仰宗教了。那些尖塔、钟楼、雕塑、花园和纷繁的纪念品商店一样，只成为这神秘之城装饰性纬纱中的一层而已。

离开布拉格去布尔诺市看密斯作品的返程路上，我坐着慢车，看车窗外夕阳西下、平阔得看不到尽头的田野。列车每二三十分钟会经停一个小城，它们都有着错置的红色屋顶和彩色的墙。衣着朴素、形貌粗犷却安静的捷克人上车，好奇地看着我和同伴。也许这才是我唯一真实的捷克印象，然而相比于布拉格，我又觉得这是不真实的波希米亚。

布拉格·老城 2009/10/16

千塔之城，这里讲述着所有的矛盾、欲望与妥协。

布拉格·笔记 2009/10/17

极少主义布拉格

Minimalist Approach in Prague

在 BIG 工作期间，捷克同事给我介绍了一个朋友，是在布拉格教书并做建筑评论的 Adam。到达布拉格之后，Adam 热情地请我喝了一次咖啡，介绍了一些布拉格城内的必看建筑物。有意思的是，他所介绍的那个布拉格并没有什么地标式建筑，却有不少在苛刻的历史保护要求下精彩腾挪的小型作品。

其中最令我们感到惊艳的是布拉格城堡山脚下鹿之谷中的一个隧道，直到由光明转入黑暗的一刹那，我一下子被深深震撼住，这才意识到 Adam 将要向我展示的不是隧道之后的建筑，而是隧道本身。椭圆形的剖面切口简洁而富有韵律，每隔两三米在地面设置的灯光塑造出一种美妙的节奏。整个建筑最复杂的工艺当属隧道口由椭圆转成矩形的剖面切口，灰色的条石精妙地暗示了这一内外空间的转换。而墙体细部虽只是用简单的面砖砌筑却有异常动人的效果，让人叫绝。

鹿之谷隧道的设计者约瑟夫·普莱斯科特（Josef Pleskot）在一次采访中曾经写道，布拉格的中心历史城区内不允许出现任何现代建筑，所以从位置上而言，这个工程应该算是最接近历史中心区的现代尝试了。建筑师运用简洁的设计，创造出了令人惊艳且与周围环境完美融合的空间。在我看来，这也是对特殊时间、特殊环境的完美回应。

除了鹿之谷隧道，Adam 还介绍了布拉格城堡建筑群中的一些小设计。例如广场上 19 世纪新建的方尖碑，用金属框架来表明其不同于周边古迹的现代性。城堡里新加的楼梯、花坛也都展示出在严苛的历史保护要求下以极少主义策略与周边古迹“求同存异”的设计共识。

甚至连素来疯狂的弗兰克·盖里也收敛了起来。在布拉格新区的一座街区转角住宅设计中，他少有地将建筑立面融入了周边房屋的立面，用角部楼梯间的雕塑式造型平衡了它与周围建筑 5 层与 6 层之间的层级之差，聪明而有分寸地将布拉格对于现代主义的态度吸收在自己的设计中。

上：鹿之谷隧道
建筑师：约瑟夫·普莱斯科特

下：“舞动的房子”
建筑师：盖里

布拉格·天际线 2009/10/17

从布拉格城堡俯瞰全城，哥特式尖塔、罗曼式穹顶、文艺复兴时期花园、立体主义与分离派、现代主义建筑混搭在一起，构成了波希米亚式丰富而细腻的天际线。

体验密斯与路斯
Two Houses by Mies and Loos

捷克境内有两处现代主义早期的经典作品：一个是密斯的图根哈特住宅，另一个是路斯的穆勒别墅。久闻密斯的“少即是多”和路斯的“装饰即罪恶”，我想当然地认为这两处建筑会是类似的风格，但现场感觉却是千差万别。

路斯的房子坐落在布拉格城郊，外观非常简单而不起眼。我们早就得知这栋住宅内部空间因错层而异常精彩，并影响柯布西耶等后来建筑师的关于“流动空间”概念。为了一睹大师真迹，我们咬牙交了15欧元的高额门票进入（比布拉格城堡N平方公里的建筑群门票还贵一倍）。令人出乎意料，扑面而来的是难以理解的室内装饰——比如每个房间都采用了不同的色彩，甚至包括惨绿色和血红色；比如各种各样纹样生猛的木材石材，让房间有一种暴发户式艳俗的室内装饰趣味；加上近年完成的建筑修复把这栋房子恢复到了刚建成的状态，更加深房子整体的鲜艳程度，令人多少感到些许厌腻。联想到业主甲方穆勒是当年该地区的建筑业大亨，或许路斯也有很多难言之隐。

不过整体而言，穆勒别墅中流动空间与错层概念的表达在当年应该算是很惊艳的。特别是路斯采用半层跃进的方式划分了公私区域：最下面是客厅，上一个半层为会议室与厨房，上两个是书房，再往上则是卧室和主人的阳台。每一个房间都通过隔墙、扶手与其他房间进行划分，不严格封闭，并允许视觉上的互动。

第二天，我们从布拉格坐长途车约3个小时来到捷克第二大城市布尔诺去探访密斯。一路寻访到现场，发现票价不到4欧元，内容的精彩程度却甚于穆勒别墅。虽经修整，却基本“整旧如旧”：屋顶已经歪斜，墙面略有剥落，却独有真实的味道。室内空间比例和材料都非常洗练，色彩淡雅，构造果断明确，相当干净漂亮。特别是书上照片错过的一些小角落，比如可降下的落地玻璃窗，纤细得不到20毫米的十字形钢柱等都令人看了很感动。

下：路斯——穆勒别墅

右上：
图根哈特住宅花园外景

右下：
图根哈特住宅入口大厅

由于布尔诺相对偏远，当天没有多少国际游客，解说员很不好意思地向我们解释需要用捷克语招待大部分游客，然后拿出一套平面图和英文介绍让我们自行参观，并且可以拍照。我们在室内室外拍了许多照片，却发现这个房子很不上相，怎么拍也拍不出现场的感觉。参观结束后，我们便又坐上长途汽车奔向下一站了。折腾，但很值。

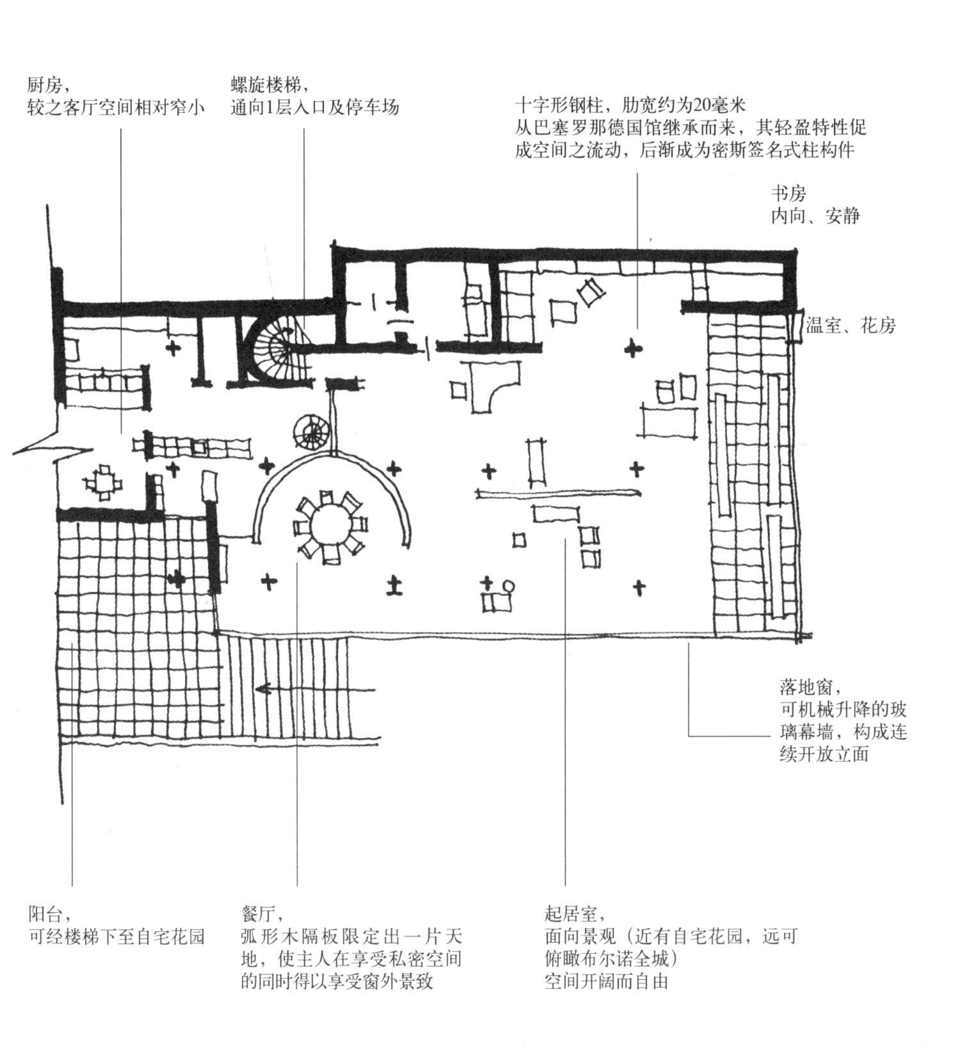

上：密斯——图根哈特住宅一层平面草图

左：图根哈特住宅，阳台望起居室

山水之间
Scenery Sketch

美丽的伏尔塔瓦河在捷克南部呈马蹄铁型蜿蜒流转，将南波希米亚肥沃的土地割为一张神秘的拼图。

小镇克鲁姆洛夫（*Český Krumlov*）坐落于河流转弯之处，由于幸运地逃脱了二战的侵袭，它的中世纪风貌得以完整保存下来，并被联合国教科文组织列入世界文化遗产名录。

河道千百年的自然冲积将小镇勾勒为河中的一座孤岛，也划分出山与谷、城堡与市镇的天然界线。孤岛是老城中心所在，密集的街市、学校与商铺每天吸引着数万住在四面山上的镇民渡桥而来。与老城隔河相望的是 *Château* 城堡区。作为捷克境内仅次于布拉格城堡的建筑群，*Château* 城堡由 13 世纪的克鲁姆洛夫君主兴建，并在接下来的七个世纪内流转于数位侯爵、贵族之手。

时至今日，城堡群与庄园仍保留完好：巴洛克式的剧场、洛可可式的花园小品、哥特式的教堂，罗马式的引水桥融汇在建筑群中，体现出波希米亚地区独特的混搭风格，也折射出小城在无数征战与侵略中经历的文化杂糅。

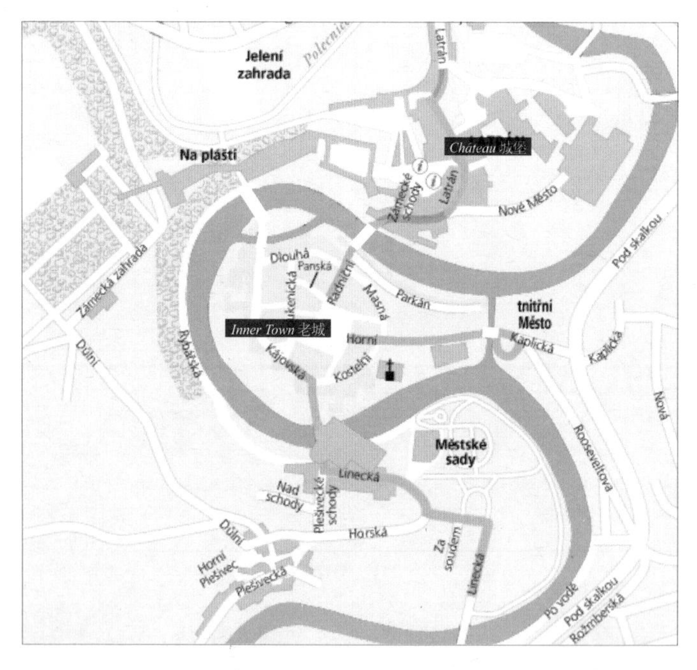

左：克鲁姆洛夫地图

右：城堡上鸟瞰小镇

葡萄牙——陆地之终，海洋之始

陆地止于此，海洋始于斯。

——［葡］卡蒙斯

里斯本之门

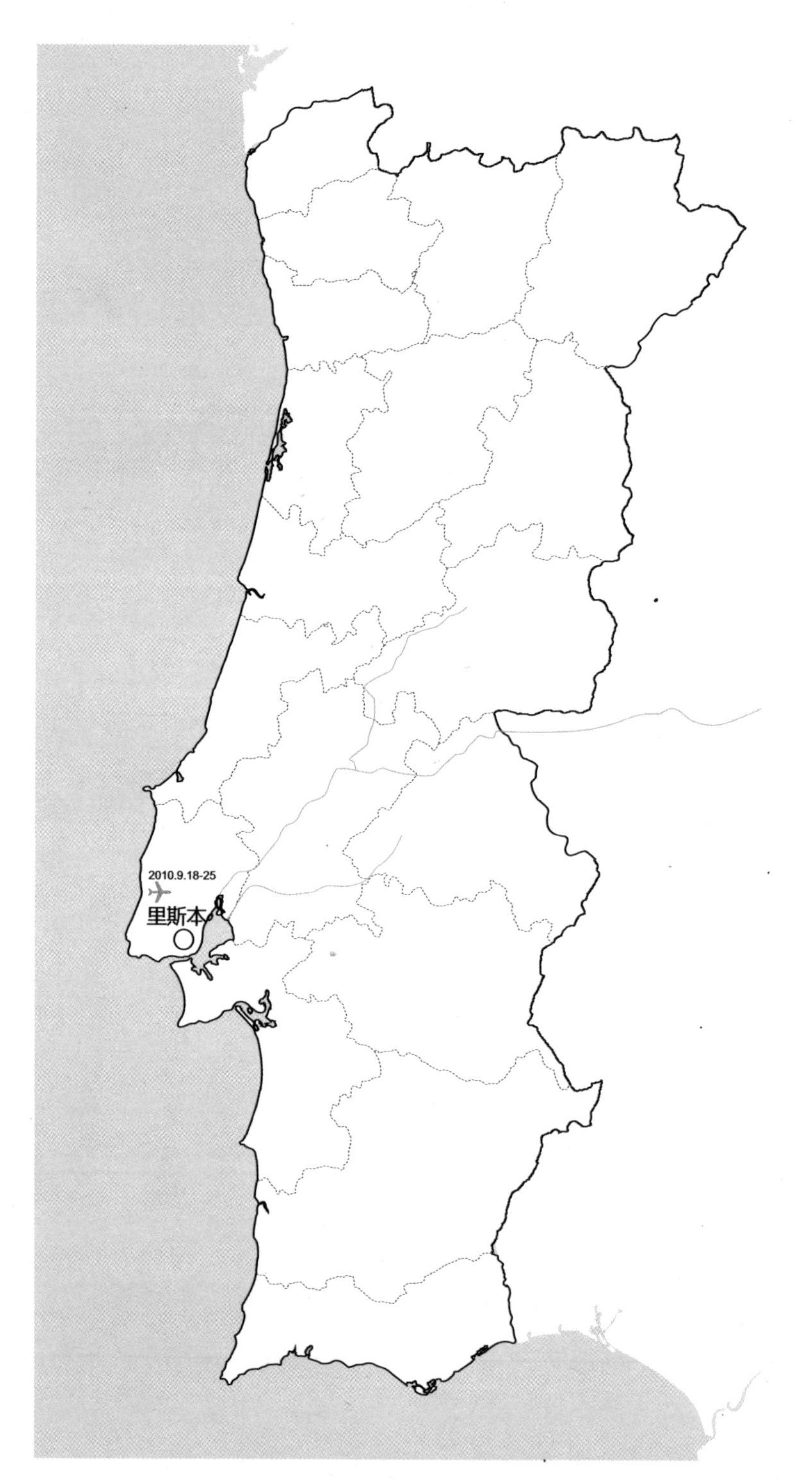
2010.9.18-25
里斯本

DAY 1-7：里斯本（Lisbon）
到达方式：机场位于市内，十分便利，地铁、出租车可达市区。
停留时间：7天
城市说明：葡萄牙首都，历史文化中心，欧洲大陆最西端的城市。
特色建筑：老城历史建筑、电梯、阿尔瓦罗·西扎1998年世博会葡萄牙馆。

（推荐的城市）：波尔图（Porto）
到达方式：国际航班众多，从里斯本乘火车约半天可达。
城市说明：西扎作品与OMA音乐厅等建筑杰作。

温暖的阳光洒在老城河滨广场的台阶上，更洒在里斯本人的心中。

陆地之终，海洋之始

Where the Land Ends and the Sea Begins

置身于里斯本，这个欧陆最西端的城市，便可尽览浩瀚的大西洋。

葡萄牙诗人卡蒙斯曾在史诗《卢济塔尼亚人之歌》中写道：王国位于欧洲尽头，“陆地止于此，海洋始于斯”。昔日航海家瓦斯科 · 达伽马即是从这里启航，穿越大洋直抵印度。500 年后的里斯本世界博览会前，以他命名的大桥竣工，全长 17.2 公里绵延越过塔霍河，成为全欧洲最长的跨海大桥，并纪念着葡萄牙人曾经在海上的辉煌。

昔日海洋帝国的霸业已然过去，如今只剩下陆地尽头的这座温和的城市。

眺望大西洋

回望里斯本

红色瓦砾与黄色墙面拼贴出温柔的色彩，黑白镶嵌着的马赛克地砖在万千街巷里交织起关于过去的隐秘拼图。传说中的七座山岳俯瞰着河海之滨，沉默得一如偏安于欧洲一隅的这个静谧的国度。从海上回望,只有海鸥与十字架偶尔会划破平缓的天际线。

今天络绎不绝的游人慕名而来，不见恢宏的德国式大教堂，不见奢华的法式园林，却陶醉于寻常巷陌中朴实而温暖的美丽。在这里，令人感动的是奎卡电车摇晃过老街，是葡式蛋挞的甜蜜香醇，是烤沙丁鱼的烟雾迷住了建筑的轮廓与行人的眼眸。

似曾相识的里斯本

Mysterious Lisbon

在描述这座城市的时候，我总是忍不住把她类比于其他的地方。不知是因为我的局限，还是她的渊博。

传说这是在七座山上建造的城市，就像罗马一样。在罗马，山巅是属于神话的，正如它们的名字。而在里斯本，山是曾经所有权威的见证，无论是罗马皇帝还是摩尔人都曾在七山之上建立自己的丰碑：城堡、教堂，甚至修道院。而在山峦之下，是广场，是大道，是市政厅与剧院，以及一切世俗堂皇的所在。在那山峦与低谷之间，才是寻常巷陌与市井人家。

临行前匆匆观看了文德斯的《里斯本故事》，只记得偶然瞥见的几个镜头：错综的山路，面海的阳台和晾衣绳上随风飘扬的衣衫。传说几百年来，在这片每隔个几百米就要升降起伏的岩石地上，人们采取了各种手段来分解复杂的地形，阶梯、围地、平台、死巷、衣物晾晒成的帘幕、落地窗、小庭院、扶手栏、百叶窗；每样东西都用来模糊室内与户外，高地与低谷的界限。而上山与下山，也便成了里斯本人生活中相当重要的部分。

塔古斯河畔的里斯本老城

San Justa 电梯是里斯本的名片，却让我想念起斯德哥尔摩的 Slussen 电梯。不难想象在那个电梯刚刚问世的年代里，在世界的各个角落，社会对于新技术的浪漫热情远超过今天，人们激动地庆祝山与谷的神奇连接。一个世纪之后，正如当年现代主义者们赞颂的摩天楼已成为千夫所指，如今挤入电梯的人们各自眉头紧锁，低头回避着彼此的目光，丝毫不感到任何新鲜与激动了。与 Slussen 不同的是，里斯本人将电梯通勤的效用保持到了今天，虽然大量的观光客在电梯脚下排起了长龙，但还是有许多悠闲的当地人凭着公交通票到达观光平台旁通向山顶的桥。

穿梭于山顶与山脚下的不止有电梯，还有 Cable Car——缆车，不是滑雪场上的那种，而更接近于香港半山的有轨缆车。只是在里斯本，这样的缆车随处可见，并和普通的车辆并置在城区中。在过去的百年里，那鲜柠檬黄色的车身逐渐成为了一道风景，成为了多数明信片上里斯本的城市图像。除非，当你置身其中的时候，才知道它并没有表面上的那般梦幻，起伏颠簸的路况加上狂放的司机，使得拥挤的缆车更像是没有安全带的过山车。于是在仅有的一次缆车经历中，我无数次撞过别人的肩、踩到别人的脚。

经历过缆车之后，里斯本火车站的自动扶梯把我牵回到托莱多小城，同样是作为沟通车站上下的装置，同样在更大范围上服务了上下山的市民。而我也很喜欢把火车站建在半山，让人乘扶梯下山的想法，这多少避免了其他城市老城老街老广场被铁路线生生撕裂的困境。这与托莱多人把大型停车场埋在山下颇有些异曲同工之妙。

这是第一个让我想起美国的欧洲城市。在这里，我才意识到美国梦并不仅限于美国人和中国人。里斯本老城之外修起了宽硕的二环、三环、各种高速路与环岛，以此沟通着住在郊区乐于自驾的中产阶级们。环路旁，有欧洲最大的 Shopping Mall，巨大的露天停车场，巨大的广告牌，赤裸裸地向你傻笑。在路上你会发现每辆车里几乎都是一个人，蜷缩在巴掌大的车内，面对着无处不在的塞车，享受着现代化带来的独自等待。

最后让我想到的是中国，以及中国式的无序与活力。无序来自于混合，由于没有强权推动的规划，这里的每一块土地都是混合的，这里没有 CBD，没有金融街，没有大片的住宅小区，没有规模整齐的港口，就这样城市的每一种功能都与其他的功能交织在一起，创造出一种微妙的活力。比如我们住的酒店区旁边是一个很大的医院，一条货运火车与轻轨线路并行着从酒店和医院门前经过。轻轨线对面，则是一个直径百余米的荒弃山丘。每天起床拉开窗帘，就看见衣着整齐的人们从轻轨站里涌出来，平静地穿越酒店的停车场，去医院上班。与此同时，山丘之上，会有一个农民模样的人，拿着某种工具挖挖刨刨。

右：Chiado 电梯夜景

RATINHO

圣朱斯塔电梯上
俯瞰里斯本老城

立体城市

3-dimensional Lisbon

由于复杂的地形情况，里斯本成为了一个名副其实的立体城市。许多城市风貌、建筑元素都因地形而生。

电梯、缆车：

为了适应山势，顺势而下的缆车与垂直而上的电梯取代了常规巴士与自行车成为公共通勤的保证。这些特殊的交通工具遍布城市，构成了一系列特别的空间体验。圣朱斯塔电梯还成为了里斯本市的地标。

引水桥：

尽管毗邻大西洋，里斯本却曾是一个缺乏清澈饮水的城市，许多古罗马风格的巨型引水桥因此而建。这其中最著名的一座是保留至今的“里斯本之桥”。据传说，原先里斯本的许多贫民栖居在引水桥另一侧的山上，在那段岁月里引水桥不只担当着运输水的生命线，也成了贫民通往城市的捷径，节省了他们原本每天需要数个小时爬山的时间。如今虽仍有清水流过，然而引水渠已不再大规模投入使用，而是作为博物馆向公众开放。

台地（园）：

依山而建的不止是城堡、民居与教堂，也有园地与小广场。台地园（Belvedere）就是这样一种典型，背依山势望向大洋。而许多类似的台地呈阶梯状叠落，便成为了独特的台地城市，在其中，每一组建筑都保证视野不受干扰。

山巅：

里斯本的山巅是预留给权贵与神明的。城堡与教堂占据着不同的山头，彼此眺望着。

里斯本电梯

立体城市：电梯、桥与台地

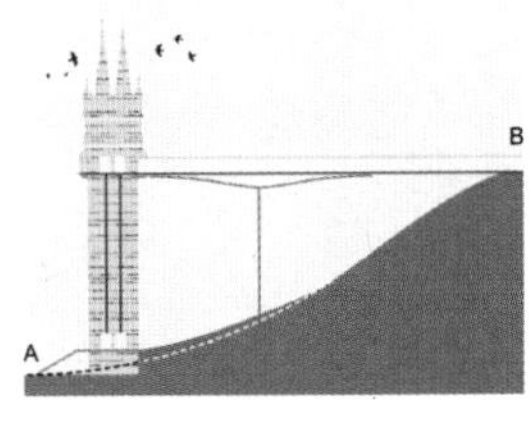

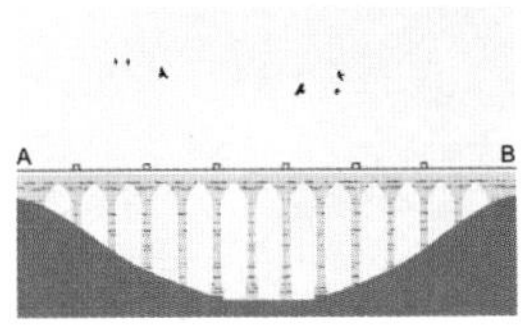

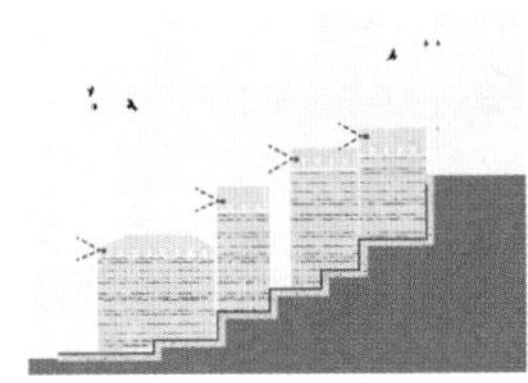

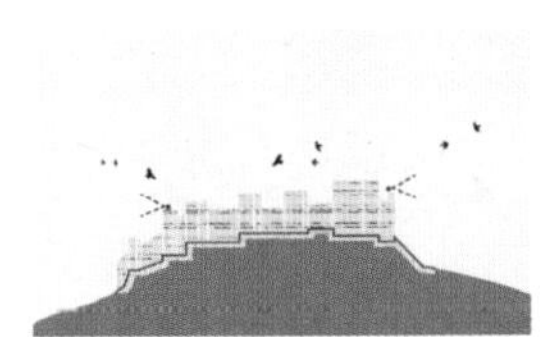

阿尔瓦罗 · 西扎的两种态度

Two Sides of Alvaro Siza

葡萄牙是建筑大师阿尔瓦罗 · 西扎的故乡，这位在最近十余年才走进世人视角的长须老者，在这片土地上倾注了六十多年的时光，建造起一座又一座独特的建筑作品。对于场所特性的敏锐捕捉能力，赋予了西扎作品不同的设计主题，并激活了不同城市场所的兴起或更新。

"诗意现代主义"

在一个周日的清晨，我们驱车赶到里斯本世博新区，参观大师为 1998 年里斯本世博会设计的葡萄牙馆。这座建筑屹立于宽阔的塔霍河畔，面向大洋，呼应着当年世博会的

主题“海洋，未来的财富”。同时，一座“漂浮”在空中的混凝土屋顶联系起两侧的建筑场馆，构筑起航海中“风帆”的意象，纪念着五百年前（1498年）达伽马远航至印度的壮举。考虑到里斯本地震频发的危险，西扎将巨型的屋顶与建筑设计为分开的部分，用14米高的墙体从两侧支撑以抵消屋顶悬索结构的张力，造就了其诗意的形式结构。

如西扎其他作品一般，这座建筑既体现着现代主义者简洁直接的形式逻辑，又不拘泥于常规建筑类型，以安静而灵动的建筑性格与场所相得益彰。基于这样的特点，西扎也常常被评论界冠一“诗意现代主义”的称号，尽管大师本人一向不承认隶属于某个风格类别。

里斯本世博会葡萄牙馆
建筑师：Alvaro Siza

"后现代"西扎

距离世博园仅7公里之遥，坐落着大师的另一个项目，Chiado旧城区的改造设计。面对敏感的历史地段，西扎采取了与在葡萄牙馆中所不同的设计策略。

Chiado区坐落于里斯本老城Baixa旁的小山之上，散落着各类店铺、剧院、餐馆、酒吧，一直是里斯本的商业中心街区。20年前，突如其来的大火发生于1988年8月25号晚上，持续燃烧了10个小时，摧毁了整片街区，18座房屋和40多家店铺。传统里斯本建筑的木框架、楼板与基础在大火发生时全部被毁，仅剩石砌立面。西扎临危受命，成为主持重建规划设计的建筑师，肩负起恢复城市肌理，增强Chiado地区的经济活力的重任。

经过一系列调查研究、设计讨论后，西扎出乎意料地采取了完全恢复原有街道立面的"保守"策略，然后在历史外皮之下进行功能置换与更新。例如原有Chiado百货商场等商业设施的立面被保留至今，内部却被替换为电影院、酒店与市场。为了解决此街区夜间人去楼空的情况，西扎在新建筑内加入了住宅单元，出租给年轻夫妇或者单身青年，使得这个商业街区在夜间可以同样富有活力。此外，许多新建建筑在立面中开有一条横穿街区的内部道路，这些街道四通八达，连贯起不同尺度的院落空间，将传统意义上的建筑内部空间转换成为了城市的公共场所。

然而，西扎这些尊重历史文脉的设计策略却遭到了不少质疑，许多评论家指责西扎在历史符号的运用上过于保守、甚至有"后现代"之嫌，没有坚持他本人纯粹的现代主义风格。我以为，无论是"诗意现代主义"或是"后现代主义"都不能表明西扎的原意。相反于教条地坚持某种"主义"，他时刻保持着开放精神，跟随作为建筑师的敏锐直觉，在不同的场所、不同的时刻给予了建筑丰富多样的生命力，这恰恰是他不同于常人的才能。

时至今日，世博馆与Chiado老城始终是里斯本市民与游人最喜爱的场所。

夜晚的Chiado商业街

西扎设计的Chiado地铁站入口

里斯本·电车 2010/9/20

袖珍式的奎卡电车披着柠檬黄色的外衣，摇摇晃晃地穿梭于里斯本的大街小巷，构成了一道靓丽的风景线。

carris

西班牙——曲线属于上帝

直线属于人类，而曲线归于上帝。

——［西班牙］安东尼奥·高迪

西班牙 · 行迹 2009/12/26

DAY 1: 巴塞罗那（Barcelona）
到达方式：机场乘地铁1小时可达市区。
停留时间：2天
城市说明：加泰罗尼亚首府及商业、政治中心。
特色建筑：高迪作品、密斯1930年世博会德国馆等。

DAY 3: 马德里（Madrid）
到达方式：从巴塞罗那乘高速铁路3.5小时可达。
停留时间：2天
城市说明：西班牙首都。
特色建筑：索菲亚二世博物馆、普拉多博物馆等。

DAY 5: 托莱多（Toledo）
到达方式：从马德里乘大巴1.5小时可达。
停留时间：1天
城市说明：西班牙王国故都，建于山丘之上的中世纪城市。
特色建筑：老城区、大教堂被联合国教科文组织列为世界文化遗产。

（错过的城市）：毕尔巴鄂（Bilbao）与塞维利亚（Sevilla）
到达方式：从马德里乘火车约半天可达。
城市说明：建筑博物城毕尔巴鄂与历史建筑塞维利亚都很值得一看。

天才向左，疯子向右

Antonio Gaudi: A Genius or Insane?

圣家族教堂地下模型室

他是建筑师，却没有留下一张图纸。

在建造米拉公寓的过程中，他从没有回答过业主米拉的困惑——建筑蓝图呢？预算是多少？工期如何？

他是富商与艺术家们的座上宾，却多年如一日衣衫褴褛，蓬头垢面。他厌恶与人交谈，拒绝记者的拍照与采访，数十年睡在圣家族教堂的地下室里。

他在生前始终被巴塞罗那人质疑和侮辱。巴塞罗那建筑学院的校长甚至曾在他毕业答辩时发出这样的感叹："真不知道我把毕业证书发给了一位天才还是一个疯子！"

天才或疯子。这是一种贬损还是褒奖呢？

天才与疯子所相似的是坚韧的精神——他把一生都献给了圣家族教堂的设计与建造。在生命的最后12年里，他谢绝了其他所有设计委托，将全部心血投入这个似乎永无尽头的工程，每日每夜与工人们在一起，甚至经常亲自参与施工。每当陷入资金匮乏的窘境时，他甚至像乞丐一样，挨家挨户去募捐。

天才与疯子所相似的是细致的态度——为了将圣家族教堂里的圣经人物描绘得真实可信，他煞费苦心地去寻找合适的真人做模特。为了表现被残暴无道的犹太国王希律下令屠杀的数以百计婴儿的形象，他特地去找来死婴，制成石膏模型并挂在工作间的天花板下面，工人见了都感到毛骨悚然。

他名叫安东尼·高迪。1926年被电车撞死在巴塞罗那街头，因为身无分文而无人搭救，3天后在一家普通医院离世，全城人都上街为他送行。

至于他究竟是天才还是疯子，其实答案并不重要。重要的是我们今天有幸目睹他的伟大建筑作品。这些甚至被录入世界文化遗产的宝贵作品，令巴塞罗那从一个普通工业城市摇身一变成为世界建筑艺术之都，也令他自己达到古今任何一位建筑师都难以企及的高度。

圣家族教堂大厅天花

巴塞罗那·圣家族教堂 2009/10/17

据说还需要200年才能完成的圣家族教堂，其建造过程本身就已经成为了传奇。

米拉公寓之屋顶花园

巴特罗住宅楼梯间

城市改造轶事三则

Anecdotes of Urban Intervention

1. 同性恋人群的城市推动

在马德里的时候，BIG 的同事 Christian 带我来到楚埃卡区（Chueca），谈到了同性恋群体对城市更新的推动。楚埃卡区曾是一个相对较差的区域：犯罪率高、环境质量差，还有很多色情、毒品贩子聚居。5 年前，受到主流社会排挤的同性恋人群开始逐渐转移到这里居住。没想到随之而来的是他们对于时尚元素、精致生活的品位追求——不一定古典优美，却一定很酷很特立独行。这股人潮导致大量的时尚店、设计酒吧等向这一区域跟进。于是若干年后，这里地价不断上涨，环境越来越好，逐渐成为马德里最具特色的酒吧区和购物区，早年犯罪多发区的帽子早已抛在脑后。

Christian 说，现在政府正在考虑用一些特别优惠的政策建议同性恋群体搬到其他较差区域，想以此复制楚埃卡区的成功经验。通过低租价吸引艺术家迁徙从而激活颓废的城市区域,其实早就成为世界范围内城市更新众所周知的典型范例。只是没有想到，同性恋群体也能发挥与之相同的作用。

2. 纯步行城市的梦想

Christian 说近年来马德里的规划争议有几个热点，其中之一是计划改造市中心的机动车道为步行区，并且辅以城市外围快速机动车道，以达到类似哥本哈根式的“无机动车中心”（Car-free city center）的成果。

乍听起来觉得很不可思议，可能是西班牙人天生的浪漫想象使然。虽是欧洲最穷的国家之一，这种发展步行城市和公共交通的意识，却与大多数中国城市发展汽车与环路网络的热情有着天壤之别。

前两年北京开始机动车按牌号限行之前，机动车占有量的与日俱增是各类媒体称颂城市发展的重要指标之一，而机动车交通过度发展所导致的潜在环境问题、拥塞问题却被经济指标掩盖了多年。惨痛的教训过后，但愿我们下一次能先谈城市梦想，再议经济指标。

3. 为什么小城反而有好设计?

以前看著名的 El Croquis 杂志的时候，我总是惊讶于西班牙小城小建筑的高超设计与建造水平，似乎全不似其他一些国家由大都会垄占建筑资源的现象。为此我特别询问了 Christian。

Christian 解释说，西班牙由于数十年的内战，加入欧盟时的经济相对其他国家远为落后，所以每年会得到大批来自欧盟的援助资金。这些资金被直接发给相对落后的城市市政部门，用于组织水平较高的设计竞赛。比如 El Croquis 上面刊登的许多优秀建筑作品，都建在名不见经传的小城。这种好房子分散的局面对于建筑旅行者而言不是什么好消息，却可以大大促进一个国家的整体建筑水平。

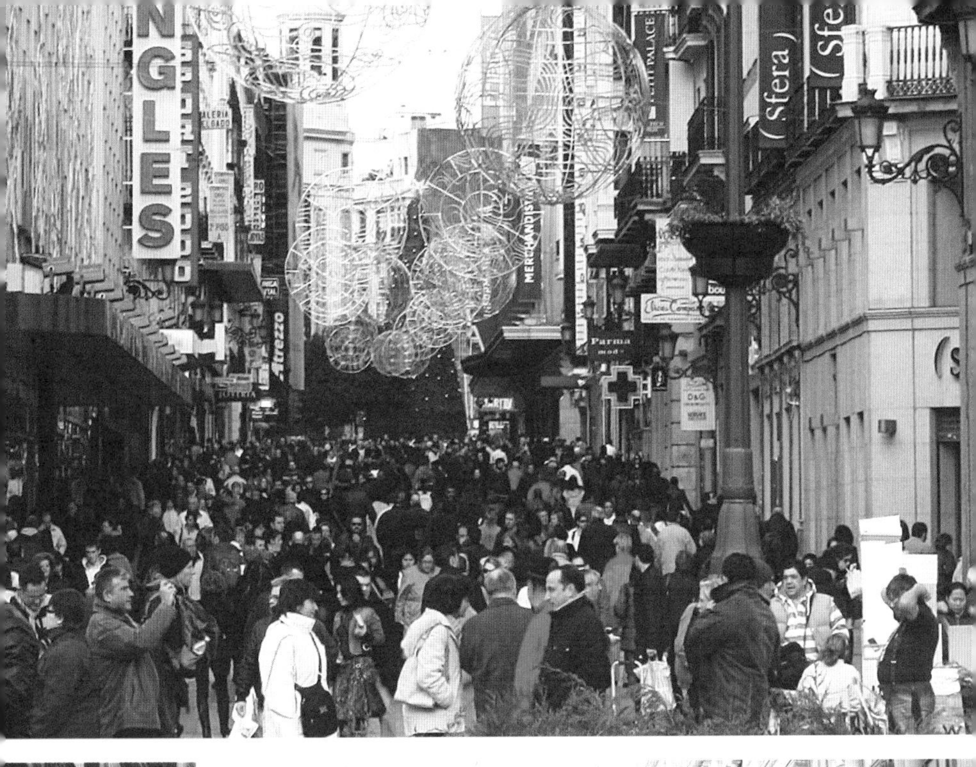
NGLES
Sfera
MERCHANDISING
Parma
D&G
Atrezzo

MALETAS
BOLSOS
MAYORPE

圣诞时的马德里

机动化古城

Historization and Motorization

乍看起来“机动化”与“古城”是相互矛盾的一组词汇。然而对于西班牙小城托莱多而言，这两个表述都准确无误。

16 世纪之前，托莱多一直作为西班牙王国的首都。它位于马德里西南 69 公里处一个海拔 529 米的山丘上，南靠托莱多山，北向开阔的平地，地势险峻，多半个城市都被塔霍河环绕。因其独特的城市风貌，托莱多于 1987 年被联合国教科文组织授予世界文化遗产称号。在哈佛念书时，我就听说过这座城市为历史古迹保护而付出了巨大努力。这里的城堡保护程度很高，13 世纪建成的高墙、城垛、飞堡、炮位、壕沟保留至今。而汽车、游客与古城居民生活和谐并存的景象更是世界罕见。

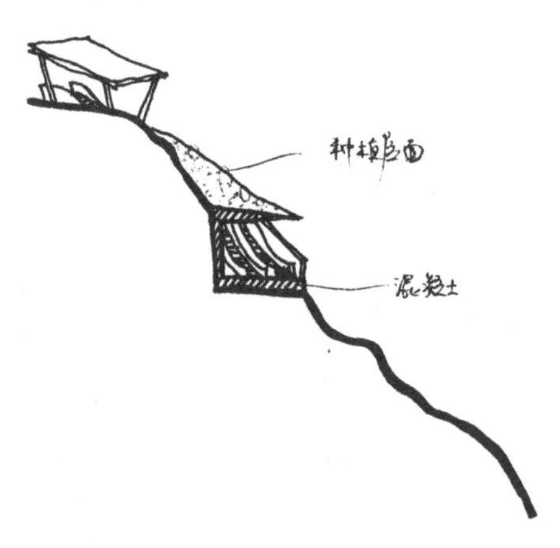

左：剖面

右：托莱多电梯
建筑师： Martinex
Lapena，Torres， Arquitectos

汽车的运行及停放对于历史城市而言永远是一个难点。十年前，当托莱多古城开始审视这一问题时，发现唯一可用的空间是古城墙外的一小片土地。为了不影响古城墙风貌，建筑师 Martinex Lapena-Torres，Arquitectos 提出将停车场置于地下以提供 400 个停车位，同时用自动扶梯连接山下停车场与山上古城。

这个想法赢得了城市的支持，但用于直接连接古城的两段长达百米的扶梯引起了一些争议。建筑师首先将原有的设计化整为零，将扶梯由两段改为六段；为了适应山势，六段扶梯相对独立却有些许角度偏差，由此一来乘坐扶梯的行人便可欣赏到“步移景异”的风景；扶梯雨篷的设计也是别出心裁：建筑师使用悬臂混凝土板建造出融入山体之中的植被屋面，使扶梯空间从远处观赏好似山中一条蜿蜒迂回的光缝。

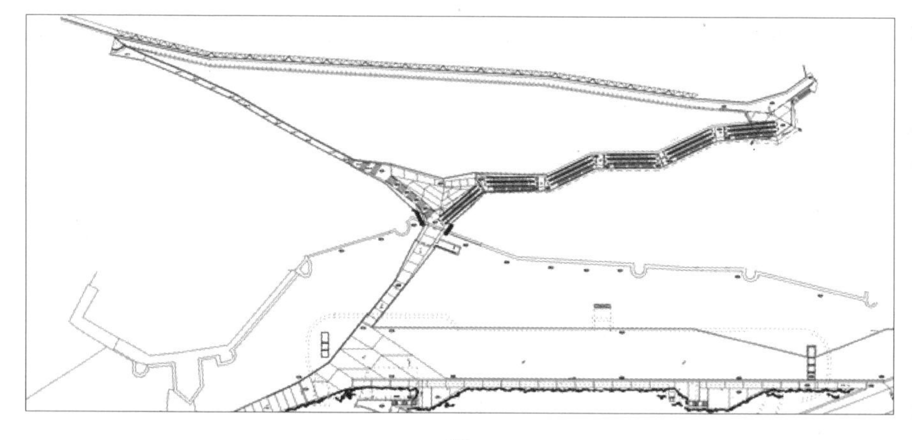

上：电梯上俯瞰城外

自动扶梯节省了爬山的时间和体力，却并未将行人直接带到大教堂面前，而是止步于山体边缘的古城墙外，给人留出自行探索山城街巷的空间。

不止是扶梯，城内街道上各种车辆限制措施也给我留下很深印象。托莱多人并没有一味地在城中禁行，而是利用各种装置控制车辆速度和通行流量，使得车流在步行人流量大的时候得以限制。因此在托莱多，许多房子一层都是停车库，车辆经过而不停留，避免了在狭窄道路中造成的堵塞。

左下：电梯之平面

右下：托莱多城内

波兰——静谧之国

克拉科夫，全波兰唯有这座城市，在经历战火劫难之后，仍较好地保留下它的大多数建筑。……它的每一个房间内部，那两扇开向市街的窗，都仿佛有好几代人从那里沉思冥想地向外凝望。

——［英国］约翰·伯格

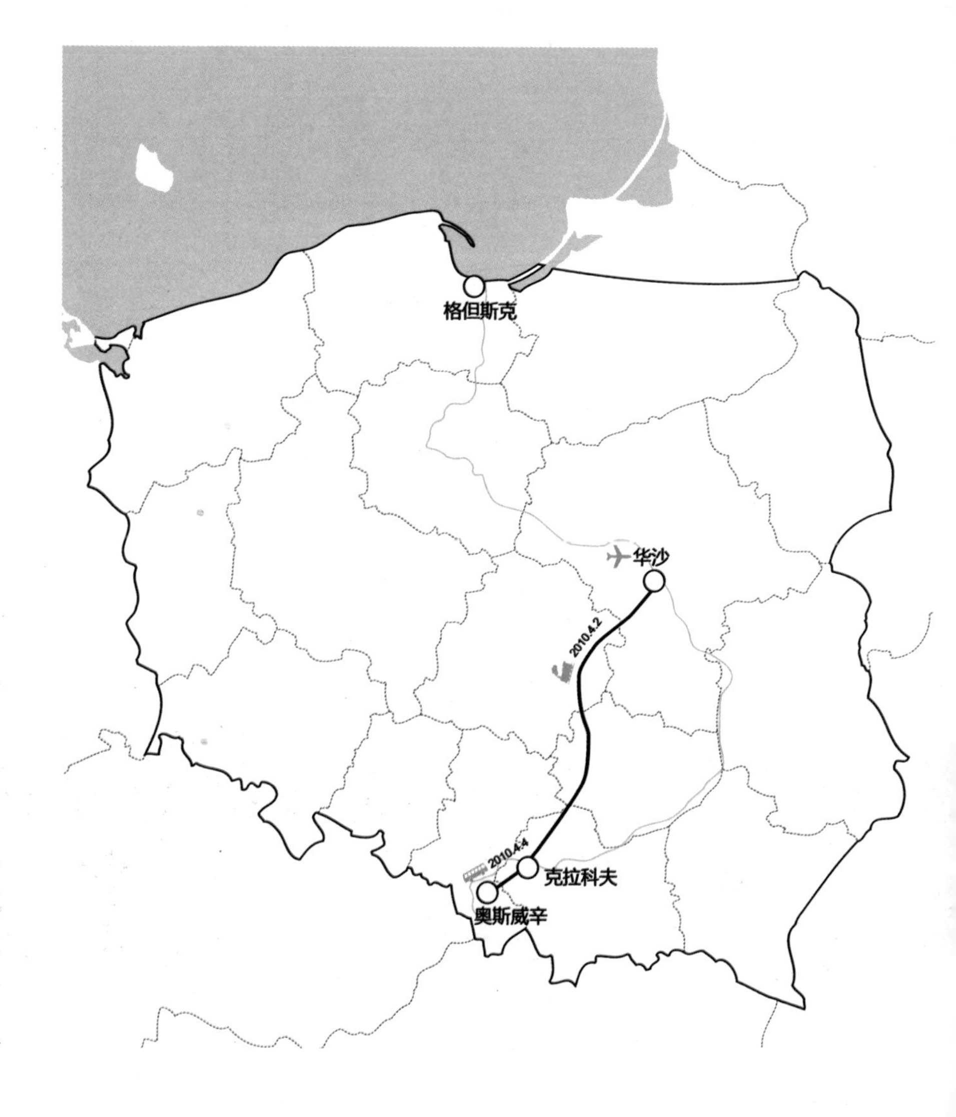
格但斯克
华沙
2010.4.2
2010.4.4
克拉科夫
奥斯威辛

DAY 1: 华沙（Warsaw）
到达方式：机场乘地铁1小时可达市区。
停留时间：2天
城市说明：波兰政治、文化中心，肖邦的故乡。
特色建筑：旧城广场、新城广场等。

DAY 3: 克拉科夫（Krakow）
到达方式：从华沙乘火车4小时可达。
停留时间：2天
城市说明：东欧文明重镇。
特色建筑：旧城中心及犹太人区保留至今，为世界文化遗产。

DAY 5: 奥斯威辛（Auschwitz）
到达方式：从克拉科夫乘火车1.5小时可达。
停留时间：1天
城市说明：二战时期德国所建集中营，残酷实行种族清洗的场所。
特色建筑：集中营遗迹。

市场 | 广场

Market Square, Krakow

左图：
克拉科夫某大教堂前，
人们为庆祝复活节而举灯

右图：
克拉科夫老城市场广场

2010年的复活节假日，我和朋友来到了波兰克拉科夫的旧城中心市场广场（Old Town Market Square）——名副其实，与其说这是“广场”，倒不如说是一个巨大的“市场”。这里有你可以想象到的任何一种波兰美食，奶酪“饺子”、酸模汤、波兰香肠应有尽有。络绎不绝的市民与游人还会在饮食购物之余，点一杯咖啡，在广场上与朋友聊上整个下午。

复活节期间，波兰充足的阳光照耀着广场上临时搭建起来的一个个摆满传统工艺品与食物的摊床。据说，这样的临时市场一直要到圣诞节过后才会撤掉。换句话说，圣诞节期间广场就是市场。这里的广场，不再是我心中百米宽阔适于礼仪阅兵的天安门广场，而成为了寻常百姓们休闲的去所、购物的天堂。

最动人的一幕是某教堂前人们自发点起的明灯阵，向他们所信奉的神明表达感恩。复活节期间，在这个据说天主教信徒占总人口比例达到95%的城市，处处洋溢着宁静而安详的宗教气氛。到处可见拎着花篮，在老城市场广场上挑选明灯的人们，浓郁的风俗传统带给这座城市独特的精神面貌，也让广场活了起来。

“广场”这个概念本是舶来品，传说源于古希腊时用于议政和交易的市场，是人们进行户外活动和社交的场所。从古罗马时代开始，广场的使用功能才逐步由集会、市场扩大到宗教、礼仪、纪念和娱乐，广场也开始成为某些公共建筑前附属的外部场地。

在欧洲，广场的用途很多。政府向民众颁布政策、告示，在广场上进行；市民有什么要求，或者搞自由集会，也在广场上进行。甚至听一个朋友说过卢森堡的广场，是赈济贫民的场所。欧洲人认为广场上不怕出现贫民领取救济的“不体面”的场景，因为广场本身就应该是体现市民文化与民主生活的场所。

反观我国的古代城市，因为封建集权政治文化的关系，一直缺乏如西方一般集会、论坛式的广场传统，比较发达的是兼有交易、交往和交流活动的场所。《周礼 · 考工记》记载："匠人营国，方九里，旁三门，国中九经九纬，经涂九轨，左祖右社，前朝后市，市朝一夫。" 这对市场在城市中的位置和规模都作了规定，并且一直影响着我国古代城市建设。

唐长安是严格的里坊制，设有东市、西市。宋代打破里坊制，出现了"草市"、"墟"、"场"和集中着各种杂技、游艺、茶楼、酒馆，

附近还有妓院等。元、明、清则沿袭了前朝后市的格局，街道空间常常是城市生活的中心，“逛街”成为老百姓最为流行的休闲方式。

然而新文化运动，特别是改革开放以来，我国许多城市开始建设规模庞大的集会式广场，动辄标榜可容纳数万人以举行盛大活动。可另一方面，交易式的、休闲式的广场并没有得到足够的重视，越来越少，甚至被赶进“新秀水市场”之类室内商场里，多少令人感到有些遗憾。

克拉科夫老城市场广场

华沙·笔记 2010/4/1

肖邦的音乐遗产

Chopin's Musical Heritage

今年正值波兰作曲家肖邦诞辰200周年。当我来到这座城市时，全城上下都在欢庆这一历史时刻。

在华沙街头，随处可见波兰人为这一纪念肖邦而作的精心设计。

其中之一是椅子系列，当游客坐上这些大理石制的椅子时，椅子将自动播放出肖邦的某一首经典之作。于是一路上但凡有“肖邦椅”，就可以看到许多孩子、游人兴致勃勃地围在一旁，既能小憩片刻，又能欣赏音乐，何乐而不为呢？

左：肖邦椅旁的游客

右：肖邦椅上的地图

除了播放音乐以外，椅子上还绘有一个地图，表明了游人现在的位置以及其他肖邦纪念椅的位置，而这些点正好构成了华沙最著名景点之间的连线地图。用音乐家的美妙音符引领游客去探索城市，不失为一个聪明而巧妙的城市营销策略：至少我确确实实按照椅子上的路线参观了整座华沙中心街区。

第二章　重叠的城市

建筑就像一本打开的书，从中你能读到一座城市的抱负。

——［美国］沙里宁

德国——废墟上的现代化

上帝存在于细部之中。

——［德国］密斯·凡·德·罗

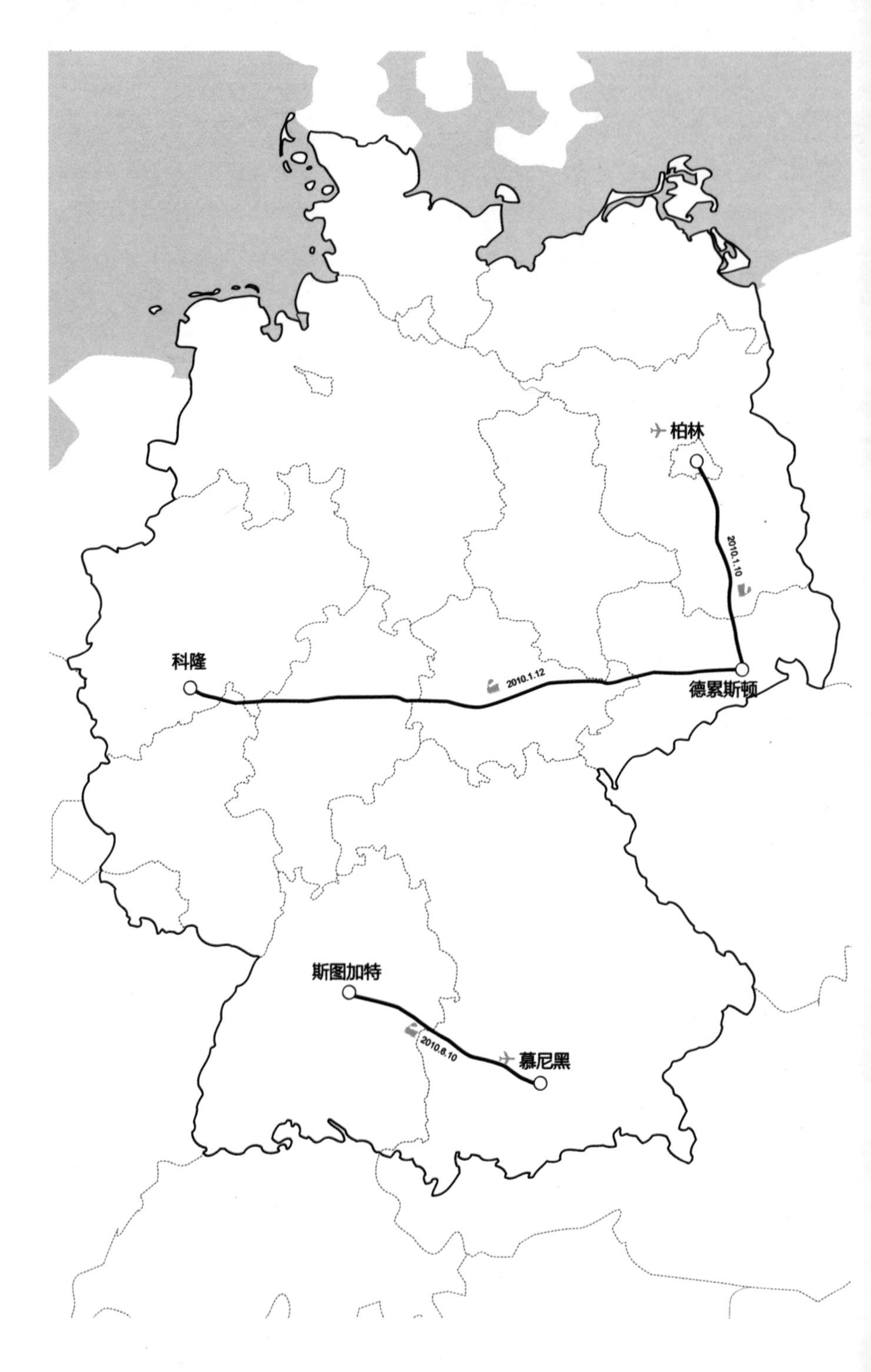
柏林
2010.1.10
科隆
2010.1.12
德累斯顿
斯图加特
2010.6.10
慕尼黑

冬季北部之行

DAY 1: 柏林（Berlin）
到达方式：各机场均可乘地铁到达市区。
停留时间：5天
城市说明：德国首府及文化、政治中心。
特色建筑：众多现代主义经典作品，可谓建筑博物城。

DAY 6: 德累斯顿（Dresden）
到达方式：从柏林乘火车4小时可达。
停留时间：2天
城市说明：古王国首都，誉为“易北河上的佛罗伦萨”。
特色建筑：布吕尔台阶，天主教宫廷教堂和城堡等。

DAY 8: 科隆（Cologne）
到达方式：从德累斯顿乘火车半天可达。
停留时间：2天
城市说明：西班牙王国故都，建于山丘之上的中世纪城市。
特色建筑：科隆大教堂，罗马遗址及博物馆群。

注：
自德累斯顿乘火车往东两小时可达捷克首都布拉格，
柏林—德累斯顿—布拉格—布达佩斯是最受欢迎的中欧旅游线路。

夏季南德之行

DAY 1: 慕尼黑（Munich）
到达方式：机场可乘地铁到达市区。
停留时间：3天
城市说明：南德第一大城市。
特色建筑：安联球场、宝马中心及博物馆等。

DAY 4: 斯图加特（Stuttgart）
到达方式：从慕尼黑乘火车两小时可达。
停留时间：2天
城市说明：高科技工业城市，奔驰、保时捷、柯达等企业的大本营。
特色建筑：奔驰博物馆，斯图加特美术馆，魏森霍夫住宅展区。

注：
南德地区有两所影响很大的建筑院系——慕尼黑工业大学建筑系与斯图加特大学建筑系，都注重建造建构的训练，吸引了许多中国留学生。

废墟上的现代化

Modernization of Debris

“大都会！”这是德国导演弗里茨朗20世纪30年代一部经典影片的名字，而登上柏林议会大厦新穹顶时，我禁不住脱口而出。

南望波茨坦广场，新旧建筑间杂，怪兽林立，各大师作品争奇斗妍，好不热闹。

东望博物馆岛方向，各式教堂的穹顶与钟楼相间起伏，展示着柏林城雄厚的历史。

如果说布拉格还是一些同质地的绫罗绸缎的小资商店，那么柏林可真算是鱼龙混杂的集贸市场——新旧间杂，吊车脚手架板楼玻璃幕非线有机各种野趣味到大穹顶大教堂大纪念碑应有尽有，真实而强壮得令人心惊。

战争和敌对曾经撕裂了这座城市的灵魂。而建筑，成为这个民族包扎伤口的特殊膏药。东西德合并之后，波茨坦广场曾一度成为全欧洲建设量最大的城市区域。伦佐·皮亚诺、理查德·罗杰斯、弗兰克·盖里、彼得·艾森曼等明星都争先恐后在这里留下自己的作品。用大规模建设向世界宣布崛起，是德国人曾经走过的，而我们正在经历的过程。

只是在这一股建设的浪潮中，德国人没有忘记保留那些曾经遭受的创伤的印迹：

1）德国议会大厦的修复采用了英国人诺曼·福斯特的设计，将代表现代科技水平的玻璃穹顶罩在古老的议会大楼上。无论是政治宽容度还是历史保护的时效性，都令我感到钦佩。

2）柏林zoological区威廉大帝纪念教堂（俗称“断头教堂”）也令我感到震撼。30米高的教堂被炸弹劈掉了尖顶而只剩下面一半，残垣断壁被当成文物仔细地保留了下来，旁边树立着一座新的教堂，用相似的灰砖修建。

3）波茨坦广场有一段柏林墙残片被保留了下来，却并不阻碍身后的索尼中心拔地而起。柏林人在废墟上用最现代的方式重塑着自尊。

我离开这座城市一周之后，它将迎来柏林墙倒20周年纪念日。

这座千疮百孔的城市将继续诉说自己跌宕起伏的故事。

右图：
威廉大帝纪念教堂

Hertz
SIGHTSEEING

教堂建筑表皮是用玻璃砖碎片拼成的柏林城市局部肌理图案

外立面组合图案

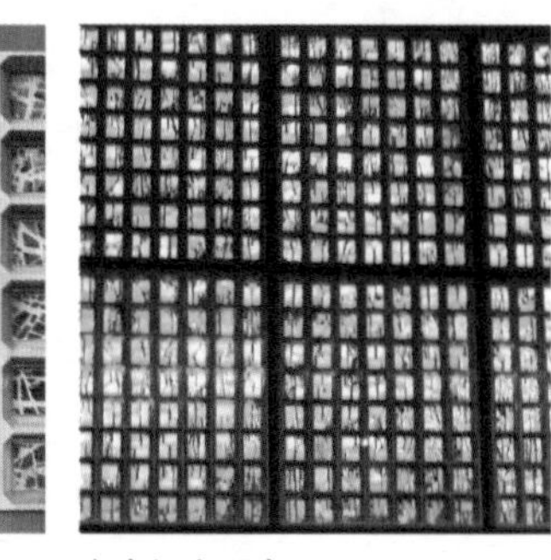

室内组合图案

19 世纪末，德意志皇帝威廉二世在柏林建造起一座教堂，以纪念他的祖父威廉一世，并命名为“威廉皇帝纪念教堂”（Kaiser-Wilhelm-Gedächtniskirche）。主钟楼高 113 米，是当时柏林城天际线的制高点。其新罗马式的建筑风格也迅速风靡了整个德国。

二战中，教堂被严重损毁。建筑师埃贡 · 艾尔曼在重建设计竞赛中胜出，但其拆毁原建筑另建现代风格新教堂的设想遭到了市民们的强烈反对，他们希望保留历史残骸，并警示战争。最终妥协之下，艾尔曼同意将新建筑建造在旧教堂周边：八边形的教堂中殿、六边形的钟楼、四边形的礼拜堂和前厅。法国艺术家罗伊尔为教堂设计了超过 3 万块不同样式的玻璃彩窗，并切割成不规则的小块嵌入到混凝土制的立面方格中。这些碎小玻璃将日光折射进室内，产生宝石般神秘的光彩。

威廉大帝纪念教堂新建筑

柏林·笔记 2009/10/31

波茨坦广场

Potsdamer Platz

万圣节那个周末，我来到柏林，钢筋怪兽林立的柏林城中，却充满了一幕幕温馨的场景。特别是波茨坦广场，久闻那里是欧洲二战后建设量最大的城市新区。

然而，当我站在波茨坦广场面前时，却始终没有发觉期待中巨大的“广场”，放眼四周，几乎只有五道口城铁旁边的停车场那么大。不过广场似乎是越小越热闹，万圣节那天，波茨坦广场上演了各式各样的庆祝活动——旋转木马、滑雪道、模仿秀、爆竹，再辅以各式各样的小吃小喝，拥挤而温馨的广场上飘满了各类食物的味道，充斥着人们的欢声笑语。人行横道中央的绿地上，一组乐队迎着往来的车辆，很激昂地表演了很久，至今犹记英伦腔的吉他男和形似美剧《老友记》里 Phoebe 的贝斯女。看这些人玩了很久之后，我才想起自己来到波茨坦广场，是为了看伦佐·皮亚诺和理查德·罗杰斯等大师设计的房子。

说到建筑，商业公司 GMP 设计的索尼中心反而比周遭的大师作品更令我感动。想象中的索尼中心只是一个工艺细致的大雨棚房子，然而看现场却很有感染力，人气相当旺，有很多值得称道的地方。其一是它屋架的弧线收分——相比一般的规整屋架，索尼中心多了一层手工艺的浪漫，却又不失德国人的严谨和精细。其二是灯光和夜景。相比于通常红黄这类的暖光，那乍看起来过于生猛的紫蓝紫红色灯光，让广场显得格调更高而有人情味，也让整个屋顶更像是一个舞台装置而不只是功能性的灯光屋顶。三是雨棚下一个并不大的屏幕，一直循环播放着几个独立制作的短片，音乐悠扬环绕全场。我被一个关于风筝的短片吸引，驻足看了许久。

惦记着索尼中心大棚下的电影屏幕，我甚至第二天晚上又专程跑去看了一次。很遗憾那个屏幕并没有开放，而我却意外的见证了新片《大侦探福尔摩斯》在索尼中心的首映礼，华丽的红地毯和欢声雷动的影迷，是波茨坦广场留给我的最后的印象。那时我才体会到，城市广场的魅力，其实并不仅仅决定于他的辉煌或美丽，而在于每一个人情味的细节带给你的感动与回味。

下：
柏林墙时代的波茨坦广场
复活节里的波茨坦广场

右：
索尼中心

柏林犹太人博物馆

建筑博物城（一）

Museum of Architecture

柏林是座当之无愧的现代建筑博物馆：

…… 诺曼 · 福斯特的国会大厦新穹顶

…… 李伯斯金的犹太博物馆

…… 彼得 · 艾森曼的犹太纪念地

…… 柯布西耶的仿马赛公寓

…… 密斯的新国家画廊

…… 格罗皮乌斯的包豪斯档案馆

…… 柯布西耶、密斯、格罗皮乌斯之师彼得 · 贝伦斯的某某厂房

…… 贝聿铭设计的历史博物馆

…… 弗兰克 · 盖里的银行

…… 夏隆的柏林爱乐音乐厅

…… 布鲁诺 · 陶特的马蹄小区

还有阿尔托、伦佐 · 皮亚诺、让 · 努维尔等的一些作品 ……

我的地图上画满了圈，却只能看一搭是一搭。

然而这“博物馆”中的每一件展品，都铭刻着对于特定历史状态、特定时间的纪念。

李伯斯金设计的犹太人博物馆里，支离破碎的平面让我彻底迷失了方向。那上下起伏、左右扭曲的空间让我不由自主地感到急躁、疲倦。那错动的线条、交叉的流线，更是令我失去了原本的耐性。直到走出博物馆的那一刻，我才长舒一口气。我不禁猜想，这体验或许是设计者的某种预期，用来表达那段时空里压抑而令人窒息的某种情绪。

诺曼 · 福斯特设计的国会大厦新穹顶，用全新的形式、现代的工艺与材料拼接的手法，在原有建筑上进行改造和重建，既表达了对文脉的尊重，又标示了时代特点，堪称神作。特别是它的双向螺旋坡道，一上一下，各自为政，提出了一个很巧妙的空间原型，影响了其后的许多建筑设计。

柏林国会大厦新穹顶

建筑博物城（二）

Museum of Architecture

柏林，曾汇聚了一大批探索现代主义建筑的先行者。

80年前，密斯设计的新国家画廊采用了简洁的框架柱网结构，完全没有多余的装饰，让结构本身成为建筑的艺术表现元素。“少即是多”的设计信条至今仍深深影响着世人。

而布鲁诺·陶特在马蹄形住宅区中提出的多类型融合、贫富混居的社区模型，是第一个现代意义上的住宅小区，成为今天全球亿万人生活环境的物质原型。

至于柯布西耶设计的柏林公寓，基本沿袭了马赛公寓的理念与形式语言。将多层框架式板楼住宅这一理想范式推向了世界。发展到今天，这样一种“明日城市”的理想早已成为大众熟识的现实。

然而这些现代主义建筑的先驱作品，都表现出与现代主义所倡导的机械工业之美相矛盾的艺术家个人风格。

柯布西耶在柏林公寓创作中展现出的比例与构图能力之强、颜色感觉之好，令人钦佩。他的整座建筑更像是一幅抽象艺术作品，而非“住宅的机器”。即便是柏林公寓楼梯间里一个小小的窗台细部（右图），也能构成一幅比例妥帖的抽象画。如此这般的艺术敏感度和品位，想必与他作为一个未来派艺术家的身份有关。

与此相仿的是，密斯深受绝对主义绘画的影响，所以能够创造出新国家美术馆这样正方形巨大而纯净的空间形象。从这个意义上来说，反思后来现代主义建筑在艺术品质上的倒退，恐怕也与后继者与先驱者们在艺术修为上的差距有关。

下：
柏林国家画廊
柏林马蹄形住宅区

右：
柏林公寓

水平的纪念碑

Berlin Jewish Monument

一座城市，在其腹地建造忏悔本民族罪行的纪念碑。在世界范围内实属罕见。

美国建筑师彼得·艾森曼设计的柏林犹太人纪念碑，位于德国首都柏林市中心标志性建筑勃兰登堡门和波茨坦广场之间，与德国联邦议院和总理府所在地近在咫尺。

整个纪念碑占地1.9万平方米，由体积不一的2711块长方体混凝土碑组成，最高的4.7米，最低的不到半米。建筑师深受解构主义哲学影响，没有使用具象手法象征遇难人数、时间等任何信息，只是通过抽象地描绘一幅肃穆、悲壮的纪念图景，渲染出迷茫而烦乱的气氛，以表达一个因为人为错误而导致紊乱的极端时代。

这极大地挑战了传统纪念碑的概念——用水平取代竖直，用抽象替代具象，表现了德国人在哲学与设计观念上的反思和探索。

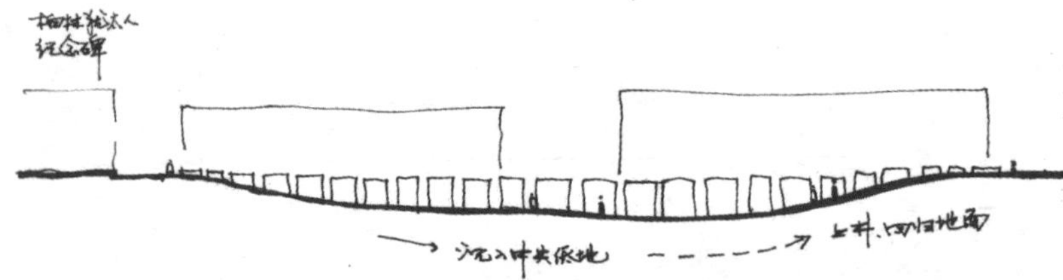

柏林犹太人纪念碑

柏林·笔记 2009/1/10

文明的刻度

The Measurement of Civilization

七块钱——柏林爱乐音乐厅2010年1月8日晚柏林交响乐团专场演出的门票价格。

相较于它对于一个德国人的收入状况，它大概等同于七元人民币对于一个中国人的分量。

与此同时，北京国家大剧院里伦敦爱乐乐团的演出最低票价为280元，最高者过千。这还只是网站上的标价，我甚至没敢去打听实际票价和大剧院门口的黄牛票价格。

35米——柏林爱乐音乐厅乐池到任何一个坐席的最远距离。

建筑师夏隆将乐池设计在音乐厅中央，如露天剧场般被观众席围绕起来。他用灵活的非对称空间组织，使这个2200座的音乐厅中近90%的坐席位于乐队前侧，其中近500个座位像葡萄园台地般被安排在乐坛两侧，让观众能够在最合适的距离欣赏到乐队和指挥的演奏。著名指挥家卡拉扬评价该乐厅时说："在我熟悉的音乐厅中，没有一个像它一样把观众席安排得如此理想。"

假如你走到音乐厅的外部，或许会对平淡无奇的外立面造型感到失望。音乐厅帐篷式的外观，直接生成于室内空间的变化，体现着夏隆所倡导的有机建筑理念。但这平淡的外观，并不妨碍柏林爱乐音乐厅成为二战后德国最重要的建筑作品和人们最喜爱的建筑形象。

最近读到台湾作家龙应台的一段文字，谈到如何衡量文明："看一个城市的文明程度，就看这个城市怎样对待它的精神病人，它对于残障者的服务做到什么地步，它对于鳏寡孤独的服务做到什么地步，怎样对待所谓的盲流民工，对我而言，这是非常具体的文明的刻度……"

目睹了20年来最高、最大、最贵的建筑伟业之后，我们是否也该反思中国城市建筑文明的刻度呢?

当音乐设施不再贵不可攀，当体育场馆不再遥不可及，当文化建筑真的便利于民，方才标示着中国建筑文明的崛起吧。

下：剖面速写示意

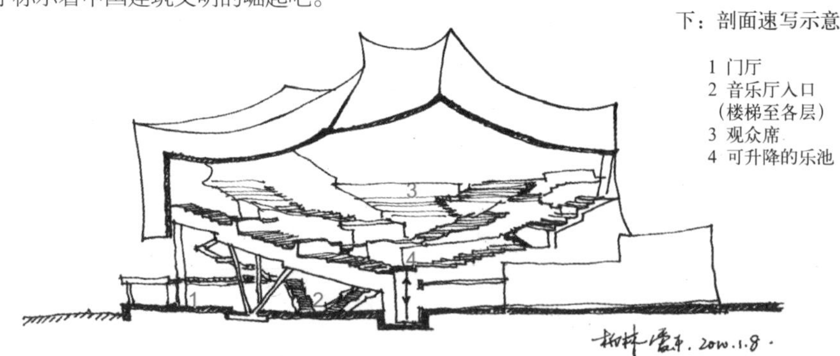

柏林爱乐音乐厅
右一：外景
右二：门厅
右三：乐池

观演大厅

柏林·笔记 2009/1/10

火车站商场
Rail Mall

在柏林的每一天，我几乎都在火车站吃饭。Ostbahnhof 车站甚至被我和同伴亲切地称为“食堂”。无论是中心火车站还是其他 S-Bahn 车站，都集中了繁多种类的食品店：中式快餐、麦当劳、炸鱼薯条、土耳其烤肉、披萨、面包房……不止是吃的，化妆品商店、日用品店，甚至时装品牌店，都出现在各式各样的火车站、地铁站内。穿梭于车站的店铺之中，我仿若回到了北京，正与地铁出入口通道里的小摊贩们擦肩而过——只是现实中，前者是合法存在的，而后者大多是违章执业。

从空间的角度思考，这些商业设施所利用的是容易被忽略的“垃圾空间”，例如轻轨站台下的一层空地、地铁站换乘的通道两侧等。而德国人对类似空间的利用，在柏林新火车站一例中发挥到了极致——它好似一个巨大的立体三明治，将其内部两侧的商场与中间 4、5 层 10 余条火车、轻轨、地铁站台进行无缝连接，出入往来的乘客可以自如地享受等车或者换车时的空暇，在商场里、餐厅里获得需要的服务。

人们常说垃圾是被错置的资源。垃圾空间不也是这样么？

当我们为轻轨站下巨大的废弃空间、地铁站冗长而枯燥的换乘通道发愁的时候，其实也忽视了很大一笔商业资源和社会福利。

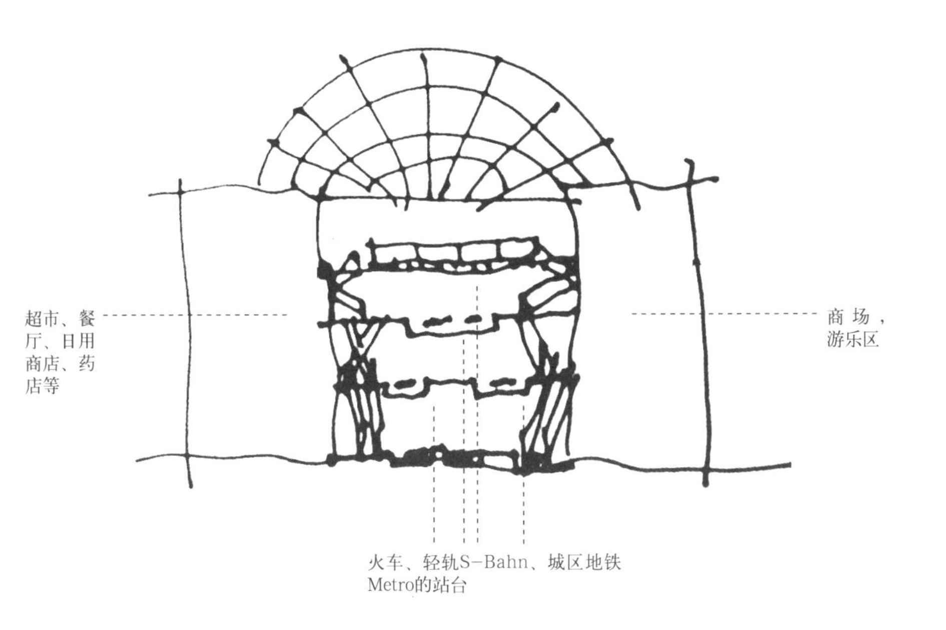

上：剖面速写示意

下：柏林中心火车站组图

德累斯顿·雪后 2010/01/11

古撒克逊王国的首都，无数精美巴洛克建筑艺术的会聚地，一座在二战硝烟中几乎被夷为平地的文化遗产之城

保时捷博物馆入口外

D.O.M.

瓦砾堆上的舞蹈
——访圣科伦巴教堂

Rumba on Rubbles

圣科伦巴教堂庭院

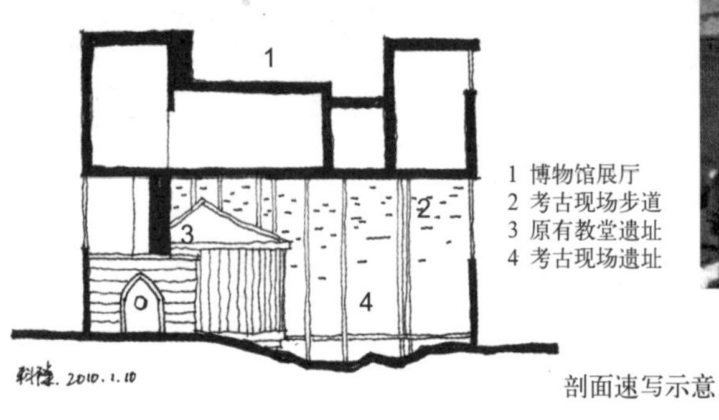

剖面速写示意

“世界上最大的一堆瓦砾”——这是德国建筑师鲁道夫 · 施瓦茨对 1945 年的科隆的形容。二战多达 262 次的轰炸摧毁了科隆 78% 的城市以及 95% 的历史中心。战后，施瓦茨被任命负责城市的重建规划，提出名为“城市景观”的计划。该计划旨在修建新的基础设施、构建开放的空间网络，并尽可能地将中世纪的街道肌理进行重建和整合。

圣科伦巴教堂是科隆城内两个损毁程度最严重的教堂之一，于 20 世纪 50 年代被转为纪念花园。70 年代初期，一次考古发掘在此地发现了罗马和梅罗文加时期的文物，因此这里急需一个保护性的屋顶。科隆教区随即决定修建一个新的博物馆以保护和收藏出土文物，并将考古遗址包含在建筑的体量之内。瑞士建筑师卒姆托参加了 1997 年举行的设计竞赛，并赢得了这项委托。

圣科伦巴教堂遗址上的加建

13年后，当我缓缓走进教堂时，发现整座建筑都在瓦砾堆上腾挪着、舞蹈着。极其纤细的混凝土柱小心地矗立在不妨碍古迹的位置，架起博物馆12米之高的顶棚以容纳其下方的教堂；之字形木制通道蜿蜒穿梭于考古现场的上方，与教堂维持着若即若离的关系。

灰砖是整个建筑的主要材料，它们的高度只有36毫米，长度却不尽相同，最长的有520毫米。通过巧妙地运用这些灰砖，卒姆托将连续围合的墙体消解成一系列微小的穿孔，允许日光柔和地渗入巨大而黑暗的遗址中。由于墙体上的空洞没有用任何玻璃围合，于是置身围墙之内可以清晰感知外面街道的噪声。在这古与今，明与暗，静与闹之间，卒姆托赋予了人们游移于不同状态的特殊体验。

游移于不同时空之间的概念甚至贯穿于博物馆的馆藏陈列中，每间展室都将中世纪的文物与现代艺术作品一同展示。面对现代抽象艺术画与中世纪文物的混搭，我想大概科隆人更善于发觉其中共通的价值吧。

先锋之城
Avant-Garde City

从 20 世纪 20 年代开始，斯图加特慢慢成为一个先锋建筑云集的地方：1927 年的魏森霍夫住宅实验展吸引了密斯、柯布西耶、格罗皮乌斯、彼得 · 贝伦斯、布鲁诺 · 陶特等 10 余位当世先锋竞相前来，第一次群体性地向世界推出所谓"国际式"的现代主义建筑。

尽管在二战猛烈的炮火下沦为一片废墟，斯图加特至今仍然是德国最发达的城市之一，汇聚众多不同文化的建筑和设计于一炉。1983 年，斯图加特美术馆暨德国国立美术馆新馆的落成又一次在国际建筑界引起轩然大波——建筑师詹姆斯 · 斯特林将古罗马斗兽场、古埃及神庙等古代元素同构成主义的高技派玻璃管道、商业化的彩色顶棚等现代元素并置为一体，大胆地玩转于嬉皮式的彩色细部与古典石材之间，让各种元素自由地相互碰撞。其中的矛盾与玄妙，让无数建筑评论家百思不得其解。

21 世纪的今天，汽车巨头梅赛德斯 – 奔驰与保时捷公司相继推出自己的博物馆，在炫耀品牌的同时也着实大力赞助了数字化设计的发展。UNSTUDIO 设计的奔驰博物馆堪称当今世界最复杂最昂贵的建筑作品。他们以数字化的方式和艺术家的触感，满足着这座城市对于先锋建筑的孜孜不倦的追求。

关于未来斯图加特也绝不含糊。历经二十多年的激烈辩论，"斯图加特 21"火车站改造计划终于在去年有了结果。这项将耗资高达 28 亿欧元的项目将打通巴黎至布达佩斯的大动脉，把斯图加特置于欧洲交通脉络的中心。而由 Ingenhoven Architects 事务所设计的新火车站将融于地景之中，成为"景观城市学"热潮中极富代表性的焦点作品。

柯布西耶设计住宅，现魏森霍夫博物馆

魏森霍夫住宅区

斯图加特美术馆入口坡道

斯图加特·笔记 2010/6/10

斯特林的“空”间

Stirling's Void Space

斯图加特美术馆：“空”的诠释之一

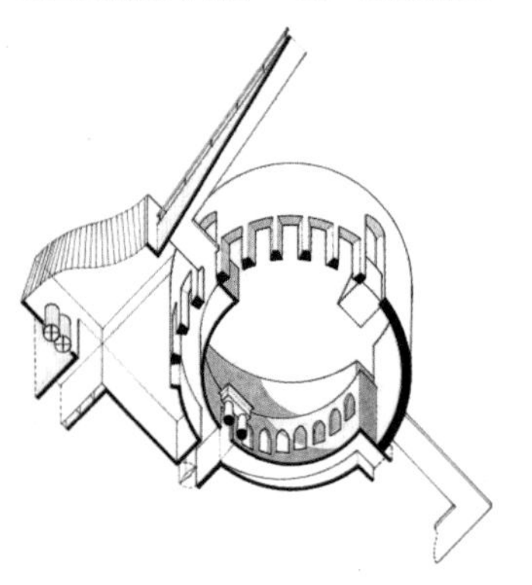

作为一名持续关注城市空间塑造的现代主义大师，英国建筑师詹姆斯·斯特林的建筑却更多地被人们联系于其符号化的建筑形象，这多少有点讽刺。

在建筑学教科书上，斯特林和格雷夫斯同列为后现代建筑师代表人物，我也曾经想当然地以为他对于文化符号比建筑空间更擅长。但当我真的走进斯特林设计建成的作品时，我才体会到大师在符号表象之外所倾注的匠心。

去年在斯图加特参观国家美术馆内院的时候，我并没有太留心于那些红红绿绿的装饰性立面，而是深深震撼于圆形的中庭里：环廊顺山势而上，巨大的石砌面材映着傍晚的金色光线，我觉得自己像是走在罗马。而这个中庭与美术馆建筑功能完全脱离，作为一个“空”房间，贯穿起上下山丘的流线。

迫近中庭

中庭环廊

离开斯图加特以后，我找来许多斯特林的图，这才发现看他的图简直是一种享受：把古罗马 noli map 所展示的连续的城市空间浓缩在建筑（群）中——从斯图加特美术馆到后来的杜塞尔多夫博物馆，这一套表达与设计方法越来越成熟。

不过这些图，大多是由他的助手莱奥·科里尔操刀的。莱奥和他的哥哥城市设计师罗伯·科里尔均擅长以控制实体建筑边界的方法塑造出的城市空间，和斯特林的思想一脉相传。尽管他们常常被批判为一种非常保守的态度，被指责一心要把支离破碎的现代柏林恢复到 19 世纪的传统街巷空间。然而就是这种用“实”体塑造“空”间的态度，让我念念不忘。

仔细想来，在斯图加特美术馆，令我兴奋的不也就是那串连起来的一个个“空”吗？时至今日，又还有多少“建筑师”会在乎这个“空”呢？

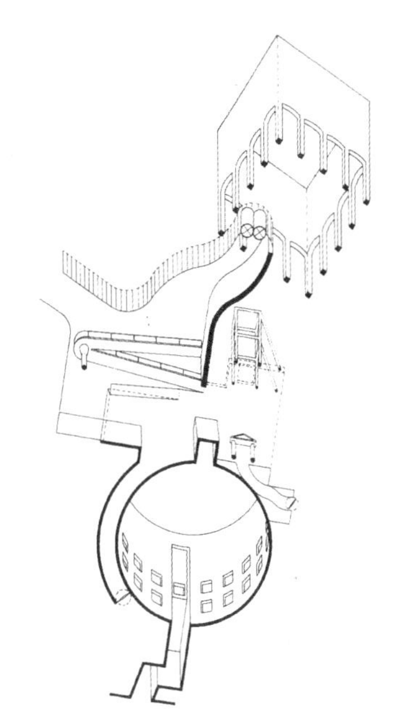

杜塞尔多夫博物馆：“空”的诠释之二

斯图加特美术馆中庭空间

慕尼黑 · 笔记 2010/6/8

汽车与建筑（一）

Automobile Architecture

这些年来汽车制造商们越来越热衷于与建筑师合作，争先恐后地使用大师级设计来标榜企业的品牌。南德地区的三大汽车企业梅赛德斯 – 奔驰、宝马和保时捷都在过去十年中不惜重金新建了自己的博物馆，以容纳最先进建造技术的建筑作品标榜着汽车工业日益发展的设计水准。

宝马公司邀请奥地利事务所蓝天组设计了 BMW Welt—— 一座集新车交付中心、技术与设计工作室、画廊、青少年课堂、休闲酒吧等为一体的综合性多功能建筑。在

左：宝马中心螺旋入口
右：宝马中心展示大厅

慕尼黑的一个街角，双圆锥形结构升腾而上，形成面积达16000平方米的巨型屋顶。遍布屋面上方的光电阵至少能产能824WP，并通过日光吸收给大楼供暖，据说这些装置可以为该建筑节约近30%的能耗。

置身于宝马世界斑驳的三角镜面之下，我钦佩工程师们为完成这一复杂建筑所付出的艰苦卓绝的努力。以前在学校曾经听过一场关于宝马世界的讲座，讲座里提到它的双圆锥形角部大厅因其表面三角面各不相同，每一块的定位与施工都充满困难。呈现在照相机镜头里的这座建筑就如同在电脑模型中一般精细——流动的屋面、扭转的立面、金属在日光不同的反射与光泽都令照片中的形象丰富而精致，甚至超越了现场感受到的那个宝马世界。

汽车与建筑（二）非常博物馆
Irregular Museum

在这样一个博物馆里，你几乎无法为自己定位，只能成为不断交织的两条空间螺旋线上一个运动的点。

在这样一个博物馆里，无数汽车静止地停在你身边，而你的运动却仿佛能带起它们的运动。

在这样一个博物馆里，你将随机地看到高层或低层、近景或远景，直径或歪墙。

这就是位于德国斯图加特的梅赛德斯——奔驰博物馆，来自荷兰事务所的UN Studio设计出一套类似DNA链而复杂度极高的双螺旋结构，用交织上升的混凝土坡道创造出平面如三叶草般的复杂空间形体，用最精湛的建造工艺诠释了奔驰这一世界顶尖的汽车工业品牌。

不像通常意义中的博物馆，这里没有厂房般巨大的展厅和杂烩般的各类艺术作品，却一个几乎将空间的运动性表现到极致的建筑：各类经典奔驰车辆展示于跨度超过100

仰望博物馆顶

随螺旋坡道缓慢上升的展厅

奔驰博物馆外立面

英尺的空间，坡道所形成的环路平面，经历了倾斜、合并、融合，成为一个交互式的表面系统，甚至可以与墙面相互转化。

建筑师甚至为参观者们设计好了参观的流线：他们并不是从建筑底部的一个普通的入口开始他们的展览参观，而是先被升降机运到顶层，然后从两条螺旋式游览路线中选择一条下楼，每条路线都经过所有楼层，所以游客们也可以在两条游览路线之间进行切换。

大概有三个原型可以用来解释梅赛德斯——奔驰博物馆的设计特征：

一是密斯 · 凡 · 德 · 罗设计的柏林国家画廊，它的大跨度无柱展区在奔驰博物馆中以更加复杂的承重系统实现。

二是弗兰克 · 赖特的古根海姆美术馆的流线，游人可沿螺旋形坡道上升至顶部。而在奔驰博物馆，游客必须从顶部开始，并且需要在交织的两条螺旋线中作出选择。

三是罗杰斯与皮亚诺设计的巴黎蓬皮杜艺术中心，其中的交通途径（管子）沿着建筑的外边界行进。在奔驰博物馆中，路径时而穿插进建筑中心，时而游走至建筑边界，将内外之分隔彻底打破，形成流动的整体。

近年来，建筑界思考的核心问题之一是如何打破僵化的直线式建筑语言，代之以弧线与斜面交相辉映的新句法。新锐建筑师们认为，斜线更能刺激运动，更能表达方向性，更能体现人与建筑的交互。在奔驰博物馆中，我们可以看到非直线元素的强烈运用，特别是几何对称的弧线的运用，产生了内藏规律的非对称空间。

然而新句法也带来了前所未有的建造难题。因为这一建筑上几乎没有什么表面是水平竖直的，于是空间定位和施工的所有细节都必须先在电脑中模拟出来。由于它面积 7 倍于纽约古根海姆博物馆，而复杂度远甚，设计团队特别邀请来工程师 Werner Sobek、计算机几何分析顾问 Arnold Walz 参与工程设计，它的震撼力与汽车机械般精密的美学价值才得以被展现在世人面前。

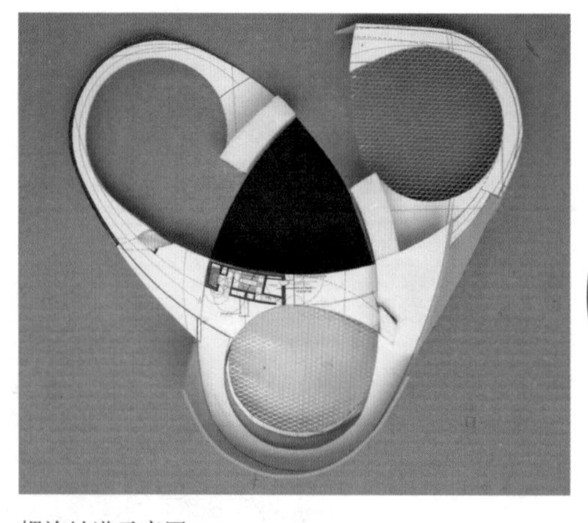

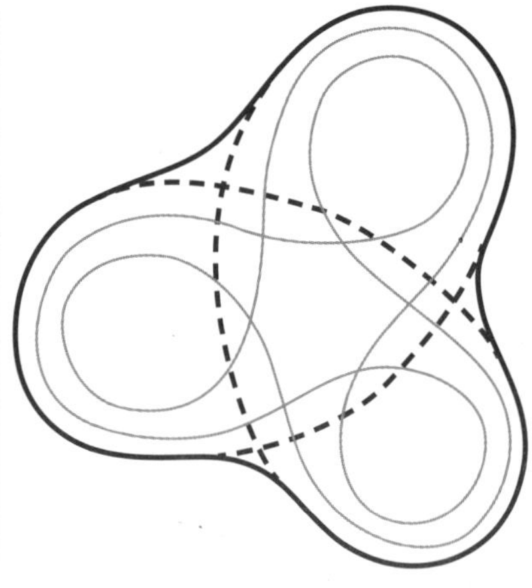

螺旋坡道示意图

沟通螺旋坡道外侧不同层之间的楼梯

斯图加特·汽车与建筑（三）·保时捷博物馆 2010/06/10

2006年奔驰博物馆落成后，同城劲敌保时捷公司不甘寂寞，2009年在斯图加特市西侧建起了保时捷博物馆。

保时捷博物馆入口外

保时捷博物馆门厅顶棚装饰

慕尼黑·笔记 2010/6/8

设计，从地铁站做起

Subway Design in Munich

记得去慕尼黑之前，朋友每每向我推荐慕尼黑的建筑，都会说起那里的宝马世界、奥运村、安联球场等。但当我走进这座城市时，带给我震撼的并不是大家耳熟能详的著名建筑物，而是每一个普通的地铁站。

Candidplatz站台

Westfriedhof——11座直径3.8米的大灯将车站浸染成深蓝色、深红色，深黄色。在不同灯光塑成的光与影之中，墙壁与天花消隐了，站台则成为最明亮的焦点，仿佛高挑的时尚名模随时可能从那几十米的尽头走来，一场沐浴在纯色灯光下的T台时装秀即将开演。

Candidplatz——为纪念画家及作曲家Candid Pietro，设计师将站台的各个组成部分，包括墙体、天花、柱子都涂画上彩虹般的渐变色——赤橙黄绿青蓝紫随着列车的开动而舞动，创造出特殊的视觉效果。

Sankt-Quirin-Platz站台

Sankt-Quirin-Platz——充足的阳光从壳形玻璃穹顶中倾泻而下，在站台、立柱等未经打磨的粗糙石材上投射出阴影，让自然与工艺和谐地共存鲜明地对比。

Marienplatz——建筑师在平行于现有站台的位置挖掘出两个100米长的隧道，用亮橘色与深蓝色的连续拱形长廊以连接站台。其画廊式沉静、大方的空间使疲倦的旅客们在进入通道时眼前一“亮”，甚至忘记自己正身处于慕尼黑最繁忙的地铁站里。

Marienplatz站台

另一个地铁站里，设计师将每个立柱的一面用钢板扭曲成镜子，引来等车乘客的搔首弄姿或哈哈一乐。

普通地铁站却可以表现得如此鲜活，我不得不佩服德国人对待设计的细致态度。据说建筑大师密斯的父亲曾教育他要认真雕刻大教堂的尖顶，甚至是一般路人根本都看不到的每一个细部，因为“那是给上帝造的！”。密斯成年后更是变本加厉地宣称：“上帝存在于细节中”。真真假假的故事中多少反映出德国人对于细致的某种情结。

一个在斯图加特学汽车工业的朋友曾经说，要想知道德国的汽车产业有多发达，得去坐他们的公共汽车，因为他们的公交车即使在急速拐弯的时候也不会发生颠簸，相比之下国内的公交车差得真是太远了。其实建筑不也如此么？设计水平的差距，的确会体现在生活中每一个普普通通的细节里。

慕尼黑 Westfriedhof 地铁站

球之院

藤之院

关锁之院

慕尼黑·笔记 2010/6/8

五个院子

Five Courtyards

“五个院子”地处慕尼黑中心历史街区，是一整栋外表看来非常普通的建筑。然而当我走进它的内部，才发现设计师根据地块原先的道路系统，设计出了一个沟通五个院子的步行网络。每一个区域都体现着设计师精心构思，随处都有令人惊喜的创意。

院子之一是巨球主题的方院，位于临街入口处。院子的正中央临空悬挂着一个用金属片编织的巨球，距地面三四米高，与周遭建筑相隔近 2 米左右。由于空间被塞得很紧凑，过往的路人都感到突如其来的戏剧感与震慑力。

院子之二“藤”，14 米高的 Salvator 通廊中，一根根超过 10 米的长藤从玻璃天花板上垂下，仿佛一个悬吊着的空中花园。

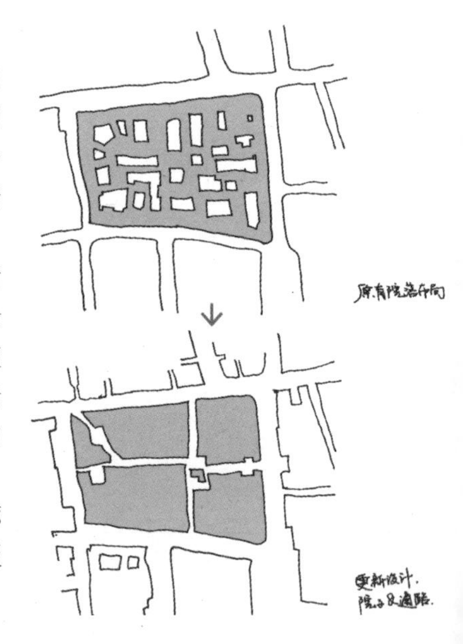

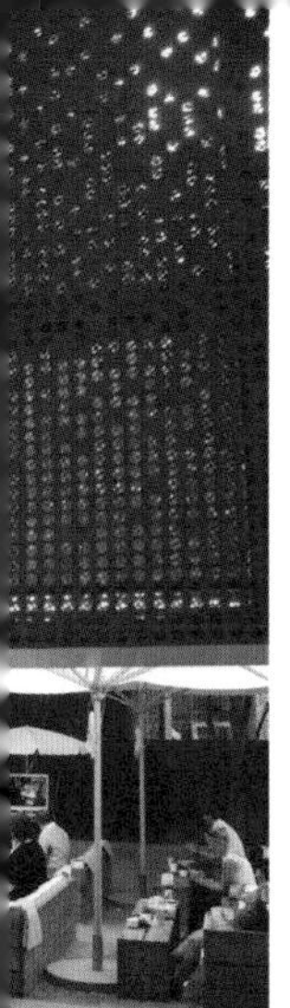

空中画廊

光的洞口

院子之三被称为关锁之院，直接对上空开放，以促进商业街区内的空气流动。折叠状的穿孔钢板围出屏网般的幕墙，形成室内外光线的自由穿透。

院子之四是个空中画廊。一线天光的周围拥簇着画廊、美术馆和咖啡厅。而浮于地面层之上的做法使画廊免于受到外界的干扰。

院子之五是与老房子相衔接的廊子。这个有机形状的廊子沿着东西向轴线，延续了西面沿街的新巴洛克立面。镶嵌在墙体上的微小圆形镜片构成的不规律图案，创造出由星星点点的洞口到装饰丰富的立面的转换，趣味横生。

五个院子所在地曾经是慕尼黑的中央银行区，五家大银行瓜分了这一街区的建筑。然而随着后来的各家银行都被其中之一收购，使得整个街区整合了资产。1998 年，该银行决定将总部挪出市中心，将遗留建筑改造为现代餐饮、娱乐、购物中心，同时包含艺术画廊和少量的办公及住宅单元。建筑师的巧妙设计帮助这片历史街区焕发了新生，成为一系列各具特色并相互连接的商业与休闲空间。

如今，这里就像是主题乐园。不同的院子，在建筑师的笔下成为寄情不同生活的场所。

耶稣之心
Herz-Jesu Church

在慕尼黑城西，我意外地邂逅了这个名为耶稣之心（Herz-Jesu Church）的教堂。作为素来保守的天主教会的礼拜堂，这座建筑竟然采用了最现代的材料与最开放的设计理念。

奥尔曼・萨特勒・瓦普那建筑师事务阿所在一篇文章中曾经解释过该设计的背景，“一直到20世纪80年代，使教堂建筑世俗化的努力，使得教堂建筑放弃了自身的主导地位，而和原有的普通建筑结合，建成多功能教区中心，这使许多教堂不再是城市的标志性建筑。今天，我们看到一种力求恢复教堂神圣感的反向潮流。从这个意义上讲，这座教堂是一个不同凡响的工程。”

因此我看到的这座教堂，形如一个巨大的玻璃盒子。正立面由两面重达20吨的玻璃巨门组成，432块蓝色玻璃格窗组成刻有圣约翰所描绘的关于耶稣受难的记载，采用怀旧的楔形字体书写。两扇巨大的玻璃门只有节日才会打开，而日常礼拜只会打开巨门上的两扇小门。

建筑师给教堂的内部设计了一个“双层皮”的结构，玻璃幕墙的外表皮包裹着木板条围成的内核。玻璃幕墙透明度从大门到圣坛后墙逐渐递减，以调节室内的光线。而包裹圣坛的内核通过回廊分割和对于木板条特殊的布局，使光线毫无保留地射到圣坛上，营造出神圣的光之气氛。

教堂里几乎所有构件都是方形的，就连圣坛也是用矩形的预制混凝土板砌成。静静地坐在教堂中，看着圣坛背后幕墙上摇曳着的婆娑树影，我完全倾倒于这里柔和而强烈的光线，以及由木、石与玻璃营造出的精致的小世界。

2010

慕尼黑·后奥运时代 2010/06/08

作为迄今为止赛后运营最为成功的奥运场馆，建成已近40年的慕尼黑奥林匹克公园已接纳了超过1.66亿登记访客、每天近万名前来休闲的市民及每年300多项大型活动，并成为足球比赛和演出活动的首选场所。

慕尼黑·安联球场 2010/06/08

每逢比赛日的夜晚，5344盏灯将点亮整个表皮，使其根据主场球队的颜色发光：红色属于拜仁慕尼黑，蓝色属于慕尼黑1860队，而白色属于德国国家队。球迷会从草坪下巨大的停车场中走上场地，迎接他们的节日。

英国——英伦风度

我们决定我们建筑的形状，而后它们影响我们。

——[英国] 温斯顿·丘吉尔

伦敦大英博物馆中庭

DAY 1: 伦敦（London）
到达方式：各机场均可乘地铁到达市区。
停留时间：5天
城市说明：英国首都及经济、文化中心。
特色建筑：古典建筑与现代主义经典作品众多。

DAY 6: 巴斯（Bath）
到达方式：从伦敦乘汽车3小时可达。
停留时间：2天
城市说明：古罗马人的温泉圣地，世界遗产城市。
特色建筑：罗马浴场，大教堂，圆形广场，普尔特尼桥等。

DAY 8: 剑桥（Cambridge）
到达方式：从伦敦乘汽车半天可达。
停留时间：2天
城市说明：大学城。
特色建筑：剑桥各学院。

伦敦·笔记 2010/7/6

英伦风格度
The British Styles

在英国旅行的时候，经常有人问起“你说我们英国建筑是一个什么风格？”问得我完全答不上来。

一方面英国的建筑风格很多元，以至于人们不得不以年代来分类，比如常说的“维多利亚”建筑，实际上指的是1837年到1901年维多利亚女王在位时期的多种风格之和。而类似的还有17世纪起乔治国王治下的“乔治亚”风格或者“安妮女王”风格。

另一方面，英国人热衷于吸收别国的建筑元素，加以细微本土化后命名为新的风格，例如英式文艺复兴，英式巴洛克，英式哥特、垂直哥特式，哥特复兴式，等等。相信不只普通英国人，就连许多建筑师都很难准确辨别这些建筑样式中的细微差别。如果非要强加一个统称的话，我猜可能只能称之为“英式折中主义”。

即便到了近现代建筑的年代，英国建筑师也同时开创了许多截然不同的流派。

文艺评论家、画家拉斯金、莫里斯等领导的英国工艺美术运动注重保持手工艺、装饰艺术的价值，反抗大批量生产和缺乏个性的工业化趋势。

与此相反的是，1854年落成的水晶宫以及后来罗杰斯、福斯特等建筑师倡导的高技派建筑，他们始终推崇着工业化成果和技术进步带来的建筑革命。

在这期间，史密斯夫妇、詹姆斯·斯特林带领下的一批现代主义后期的建筑师对于建筑与城市关系及其社会文化符号的探索，与前二者也似乎全不相同。

“英国建筑究竟有没有一个核心的价值诉求？”

走在伦敦街上，我常常在想这个问题。

身边的伦敦是座非常友善的城市，每个人操持着一口精致的英式英语，而挂在嘴边的习惯性微笑也让初来乍到的我感动莫名。

在地铁里，这个国家彬彬有礼的形象达到了顶峰。夏天闷热的车厢里，几乎所有人都是一身西装革履，安静地坐下、站起、微笑。这是我坐过的最安静的地铁，即便

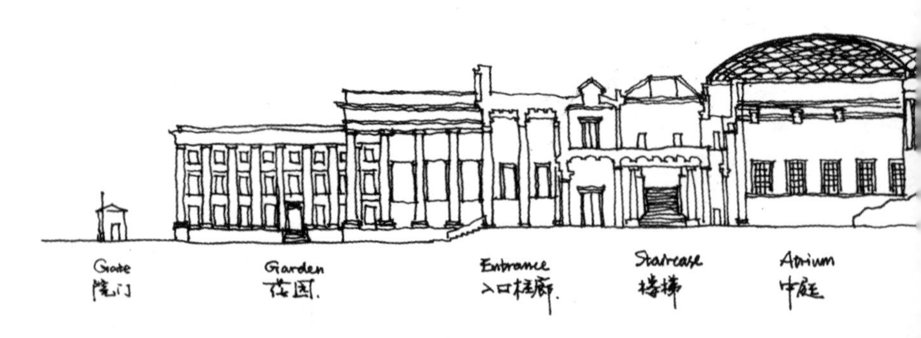

在人流如梭的高峰时期，每个人手上也会有一本小说或者一张报纸，一副认真阅读的表情。

“绅士风度”！对，就是这个词。

可能这里是一个没有风格认同的国家，但是他们不能接受失去风度。

气宇轩昂。

千年桥回望圣保罗大教堂

大英博物馆空间序列

这可以用来形容伦敦人，也可以用来形容伦敦的房子。

只要风度翩翩，任何风格都可以接纳。哥特式的国会大厦，以及新古典主义风格的圣保罗大教堂，如今都成为伦敦的精神标志。而论及现代建筑师，伦敦人最宠幸的是诺曼 · 福斯特和理查德 · 罗杰斯。他们的设计方案并不“怪”。但中规中矩的设计方案，往往能通过精致的结构与细部处理，成为高端客户品质和身份的象征。

相反，有风格却失风度的前卫建筑、“怪”房子，才是伦敦人所不能接受的。这大概可以解释为什么特立独行的伦敦建筑师扎哈 · 哈迪德风靡全球，却至今未在伦敦市区实现过自己的作品。而 1982 年伦敦国家画廊扩建竞赛中 ABK 事务所的获胜方案被威尔斯王子嘲笑为一只“丑陋的痈”，更是直接导致竞赛结果被全盘推翻。

1985 年，以现代主义作品闻名的贝聿铭、福斯特等都“谄媚地”携着近乎古典主义的设计作品来参加国家画廊第二期竞赛，却没想到查尔斯王子一眼相中后现代建筑大师文丘里的更加保守的方案。文丘里在方案中运用了大量的古典元素与符号，充满古典气息的立面柱廊让人完全无法将其与旧建筑进行区分，自然而然地征服了英国人荣耀的心。

不止是伦敦，当我来到小镇巴斯的时候。这样一种追求得体、高贵的贵族气息体现在城市的每一个角落，柱廊，环形对称的街角与环岛，雕塑，整齐的城市轴线，统一的建筑立面，如此种种华丽的规则与秩序看久了竟让人产生某种无聊的情绪，似乎脱离了某种最鲜活、冲动、并不安分守己的生活的气息。

忘记谁曾说过，建筑是一座城市的身份，然而建筑师却并不一定有身份。

伦敦对于其“身份”的看重，多少让人联想起曾经帝国的荣耀与风范。大英帝国时期，建筑师曾经将这种英伦风度传递到自己的每一个殖民地，在印度、在北美新英格兰地区都建立起许多融合着当地文化的“气宇轩昂”的杰作。

而这种关于“身份”的情结，也戏剧性地为英国建筑师带来了荣耀的身份。诺曼 · 福斯特被皇室授予“泰晤士河岸的福斯特男爵”，身为上议院议员的理查德 · 罗杰斯成为了“河畔的罗杰斯男爵”，而已故的詹姆斯 · 斯特林以及圣保罗大教堂的设计者雷恩也都曾被授予为爵士。

如今以爵位自居的福斯特们，成为全世界最有“身份”的建筑师。他们不可能像瑞士人卒姆托一样安心生活在偏僻乡村中进行创作，他们也不会像美国人路易斯 · 康或者西班牙人高迪一般穷困潦倒。这是他们的幸福，但对于他们的创作事业，我曾经疑惑这究竟是不是一件好事，因为那仿佛与凡 · 高般“苦行僧式”艺术家形象差之千里。

但是当我看遍了伦敦城里福斯特们的建筑：从圣保罗大教堂到千年桥，从大英博物馆中庭到瑞士大厦，这些建筑竟流露出和我在地铁里看到的市民相似的表情：平静、得体、高贵、沉默。我这才明白原来这些建筑师早就和这座城市融在了一起，谁也无法回避对方身上的气息。

大概这就是所谓的英伦风度。

FRA ANGELICO TO LEONARDO
ITALIAN RENAISSANCE
DRAWINGS
A HISTORY OF THE WORLD
IN 100 OBJECTS
伦敦大英博物馆中庭

连接时空的千年桥

Millenium Bridge, London

为迎接 21 世纪的来临，伦敦人建造了一座桥，并美名曰：千年桥。

它连接着标志着伦敦历史的两座建筑，泰晤士河北岸历经 13 个世纪不断被摧毁与重建的圣保罗大教堂，以及南岸的 20 世纪末由工业遗产改造而成的泰特现代艺术博物馆。

作为百年来唯一一座修建在泰晤士河上的桥（上一座追溯到 1894 年的伦敦塔桥）和第一座步行桥，这是一座建筑、艺术与工程技术倾力合作的作品，建筑师诺曼·福斯特爵士不只一次表示，假若没有雕塑家安东尼·卡罗和工程咨询公司阿鲁普的帮助，这座桥今天也不会存在。桥身创纪录的 320 米宽巨跨仅仅靠轻盈的悬索吊起，是工程技术史上一个了不起的成就。仅仅两座 Y 形桥墩支撑起 8 根钢缆，钢缆之间则以轻钢悬臂搭起步道为桥，如此简约的结构使得游人视线毫无遮拦，可以饱览两岸风光。

泰特美术馆回望泰晤士河北岸：圣保罗大教堂与千年桥

千年桥最初投入使用后，曾经出现摇摆被迫关闭，也曾被伦敦人戏称为“蹒跚桥”。数月研究后工程师才发现问题竟来自于由行人脚步引起的蹊跷共振，关闭两年后解决方案终于出炉，千年桥得以重新开放使用至今。

时至今日，千年桥已成为伦敦市最受欢迎的现代建筑之一，竣工后第一周就迎来 10 万游客。2010 年夏天，当我来到这里的时候，满眼只见人头攒动。随着步伐移动，桥为行人创造了丰富的视觉变化。最令人激动的是桥在南岸准备着落的时候，却以分岔小径的形式 180° 大转弯，迫使行人不得不回头瞩目圣保罗大教堂。那一刻，我真地很感动。

伦敦·笔记 2010/7/7

泰特的重生

Rebirth of Tate Modern

有两个泰特美术馆，这是我到伦敦才知道的。

泰特的前身是国立英国艺术画廊，以创始人亨利 · 泰特命名。后来画廊随着展品的不断增多分成了泰特现代美术馆和泰特国立美术馆二者。泰特国立坚守在原先由米尔班客监狱改造成古典主义建筑中，主要陈列 1500 年起英国及欧洲绘画作品，特别是水彩大师透纳的大量著作；而 1900 年之后的作品则将搬入新建的泰特现代美术馆，新建筑的地址则锁定在了泰晤士河畔废弃的电力发电厂。

1994 年以废弃发电厂为场地举行的国际设计竞赛中，六组设计方案中只有年轻的瑞士建筑师赫尔佐格与德梅隆是提出完整保留厂房建筑的想法，在设计提案中，他们希望能接纳原有建筑的能量，寻找新的方式去重新诠释这些大工业化年代留下的时代印记。

于是我们今天站在这座工业纪念碑式的遗迹面前，发现砖墙、窗户、烟囱等各种要素都被重新改造、保留下来。外部褐色砖墙表皮、内部钢筋骨架都传递出工业

圣保罗大教堂上俯瞰南岸泰特美术馆

时代的视觉符号。而新建部分混凝土、原木和黑色钢柱之间的激烈对比更强化了这一印象。

巨大的涡轮车间被改造成美术馆主要入口，一条长坡道，从西入口缓缓沉入涡轮大厅的最下层，所有游客都从这里开始自己的泰特之旅，一面仰视恢宏的工业巨构，一面乘扶梯或者电梯升至进入展室参观毕加索、马蒂斯、达利等名家的真迹。涡轮厅一侧的墙壁上，嵌入了几个浅色玻璃盒子，使人们得以从展室内回望大厅。

另一方面，近年来涡轮大厅成为了伦敦最大最负盛名的室内公共展厅。2000年起，每年泰特美术馆都会邀请一位世界级艺术家展示其作品，2003年来自全球的两百万人观看了丹麦艺术家埃利亚松的《天气计划》，一出由200盏灯泡组成的人造太阳照亮了大厅，并在干冰气体的配合下制造出雾气蒙蒙的伦敦印象。人们有的贯注于艺术品，有的则与朋友们躺在大厅里聊天睡觉。去年我国艺术家艾未未也在这里展示了他和团队历经十年制作的上亿枚陶瓷瓜子，引起了很大反响。

早在1994年的时候，建筑师和规划师们就预想了一座连接泰特美术馆与圣保罗大教堂的桥（即如今的千年桥），赫尔佐格团队在竞赛方案中明确提出了面向未来步行桥的南侧为主入口和室外公园。时隔多年，当千年桥落成后，圣保罗大教堂、千年桥、泰特一线每年迎来近千万游客，恢复了伦敦城市公共生活的往昔荣光。

泰特美术馆：涡轮大厅2006年展览《天气计划》

千年穹的过去与现在

Millenium Dome, Where Are You Going?

由著名建筑师理查德 · 罗杰斯设计的伦敦千年穹是一座充满争议的建筑。

最初的设计任务是为举办新千年盛大庆典建造一座临时遮蔽物。罗杰斯接到设计邀请时，首要考虑的因素就是大容量、低成本以及短时间内的建造计划。换而言之：怎样在短时间内、用尽可能少的钱、建立一个尽可能大的遮蔽物，同时不让伦敦糟糕的天气太干扰其中的活动。

精于结构工程的罗杰斯递交了一份并不算太差的答卷，这座总面积10万平方米、直径320米、边长1公里、耗资4400万英镑的巨穹在不到15个月内就完成了，超乎人们预期。最初竖立于伦敦东部泰晤士河畔的格林威治半岛上的是12座100米高巨臂桅杆，随后72根辐射状的钢索上则通过间距25米的斜拉吊索与系索被桅杆所支撑，最后屋盖穹顶则采用圆球形的张力膜结构支承在钢索之上。为安全起见，结构设计还考虑了意外情况，例如桅杆的四角锥支座考虑到当有一根杆失效，最不利时可支承在三根杆上，而不至于产生严重影响。

笼罩在巨穹之下的除了巨大的观演场所，还有以“身体”、“精神”、“心灵”和“游戏”等为主题的14个区域，以及主题公园、杂耍、表演场和公司展区等功能，在为期一年的庆祝活动中为伦敦人带来了许多欢乐。

然而百密总有一疏。庆典之后的原计划搬入巨穹内的足球俱乐部因为费用问题另觅他家，导致千年穹的“后千年”时代惨淡不堪。2010年夏天来到这里的时候，穹内空间只有一半向游人开放，一家电影院、一座小体育馆和一些大众娱乐设施的进驻，也并不能扭转千年穹年年亏损的窘迫状况。

刻薄的英国媒体可不会放过这样的机会，他们不停地在报刊电视上对千年穹进行着口诛笔伐。而美国建筑师们也幸灾乐祸地举行投票将这座建筑选为“本世纪全球最丑建筑”。然而客观看来，千年穹不仅仅是一个显赫一时的标志性建筑，同时是英国政府借着千禧年契机为发展格林威治半岛地区赌出的一面巨型广告。如今当千年穹落魄之时，身后的格林威治住宅群却成为伦敦市地产市场上的新贵。以一座建筑的投资，换来一片城市兴起，这笔账还是很划算的。

右上
千年穹：
曾经盛况

右下
千年穹：
如今人去楼空

金丝雀码头：工业码头上兴起的金融街区

工业港的金融梦

Canary Wharf's Commercial Dream

置身金丝雀码头的摩天楼丛中，你会震撼于轻轨列车夹缝中穿梭呼啸而发出的巨响，腾空架起的钢筋铁轨之下是白领们匆忙的身影，之上则是高盛、大摩、汇丰、花旗等各大银行业、金融界巨头们的豪华总部。眼前的这一幕令你很难相信，三十年前这里只是一片巨大的废弃工业码头。

金丝雀码头（Canary Wharf）位于伦敦东部，离市中心不过8公里。20世纪初，它是世界上最繁华的工业港口，三万多码头工人营生于此。二战及战后的经济萧条导致该地区一步步地走向衰落。80年代之后，来自加拿大的地产开发商与政府合作，在这里创造了"18个月内建成7.5座高楼"这一伦敦建筑业的奇迹，金丝雀码头也被视为城市更新与工业区转型的典范。21世纪的今天，它已经成为世界级的金融中心，全球最主要的金融机构都在此设立分支，它在世界金融界的地位与纽约曼哈顿岛相差无几。

然而，从一个工业港口转型为金融中心并不像我描述得那么简单。1981年，由英联邦政府成立的半官方性质的"都市综合体开发商"伦敦道克兰发展公司（LDDC），接手了复兴衰败港区的计划。项目开始前10年间，落后的交通和基础设施极大影响了该区吸引投资的能力，政府也无法拿出资金为基础设施买单。而地方公众社区团体成立的联合会也经年持久地反对LDDC提出的规划方案，认为该规划方案对他们的利益发生了侵犯。

随后，LDDC通过大规模的通讯和交通基础设施建设，改善了港区的投资环境，逐渐扭转了局面。它将港区废弃的铁路线改造成轻轨，并与伦敦地铁线联通。为了方便商务人士出行，LDDC甚至在港区附近投资修建了伦敦城市机场。为了吸引投资，LDDC利用公共资金作为杠杆，将土地以低于市场均价的优惠价格出让给开发商，并从土地增值中获得了巨大的利益。

在招商引资最初的几年里，地产商曾向商业巨头们抛出一年免租的超大"红包"，吸引了许多企业的进驻。为避免金融街区出现"入夜成空城"的面貌，他们还以优惠价格吸引新闻媒体机构进驻，用24小时连续运作的新闻机构为此地聚敛人气。

但好景不长，经济危机的巨大冲击差点让宏伟的工程毁于一旦，1992 年夏天，当 400 万平方英尺的金丝雀码头落成的时候，53% 的办公楼和几乎所有零售商业面积都没能租出。与此同时，银行的贷款紧缩导致来自加拿大的投资方——纽约最大的商业地产业主——因为资金链断裂登记破产。

哈佛大学一位教授苏珊 · 费恩斯曾经在文章中写道,这次挫折使人们开始反思“由私营部门实现公共目标的局限性”，“道克兰的经验暴露了过度依赖房地产发展来刺激城市复兴的致命弱点，如果不采用其他手段限制生产，政府向开发商提供的激励因素必将引起过度供给。”

无论如何，当我们今天来到金丝雀港口，看到井然有序的公共空间和高耸入云的摩天大楼，会自然而然地为最初规划概念的勇气与决心喝彩。然而当我们为这片土地的新生感到振奋的同时，也需要明白：金融中心绝不是一天建成的。这份成功的背后，掩藏着无数半途折戟的资本家曾经坚决的努力以及至今仍在抗议之中的 8 万名原住居民苦闷的心情。

THE BIG BLUE 2000

FUTURE SYSTEM设计的浮桥

金丝雀码头轻轨站

福斯特设计的新地铁站

渴望之桥
Bridge of Aspiration

久闻这座连接皇家芭蕾舞学院（Royal Ballet School）与皇家歌剧院（Royal Opera House）的空中之桥。却并不十分理解设计师的灵感来源，直到我看见桥下教室内正在练习的芭蕾舞女孩。

罗马浴场之旅

Roman Bath at England

小城巴斯坐落在 Avon 河畔。最早罗马人在这里建立城市、浴场，而后来英国人在这里建立起奢华的“乔治式”建筑群：浅金黄色的当地石材广泛运用在建筑中，著名的新月广场,台地,柱廊等都在 1725~1825 年间建成,也为这座城市赢得了世界性的声誉。

从前罗马人将这里命名为 Aquare Sulis，意为凯尔特人传说中的温泉女神。那时巴斯仅仅是一座度假胜地而非权势城邦，却吸引着帝国北部无数旅人慕名而来。城中原有三处温泉，热温泉、十字泉以及规模最大的神圣温泉，46.5 摄氏度的泉水汩汩而出。如今供游人参观的一座温泉遗址，是在公元前 2 世纪用石材砌筑的。墙壁和屋顶早已经坍塌，但室内的砖石碎片被找到并小心的保存在原有的位置。18 世纪新建的建筑环绕在遗址周边，新旧并置，更添了几分新韵。

巴斯浴场速写

巴斯Avon河畔

巴斯罗马浴场

第三章　想像中的城市

空间、光线和秩序，这是人们不可缺少的，就如同他们需要面包和睡觉的地方。

——［瑞士］柯布西耶

丹麦——童话的国度

他特别喜欢这幢老房子，不论在太阳光里或在月光里都是这样。他看到那些泥灰全都脱落了的墙壁，就坐着幻想出许多奇怪的图景来——这条街、那些楼梯、吊窗和尖尖的山形墙，在古时会像一个什么样子呢？

——［丹麦］安徒生《老房子》

哥本哈根市政厅广场前

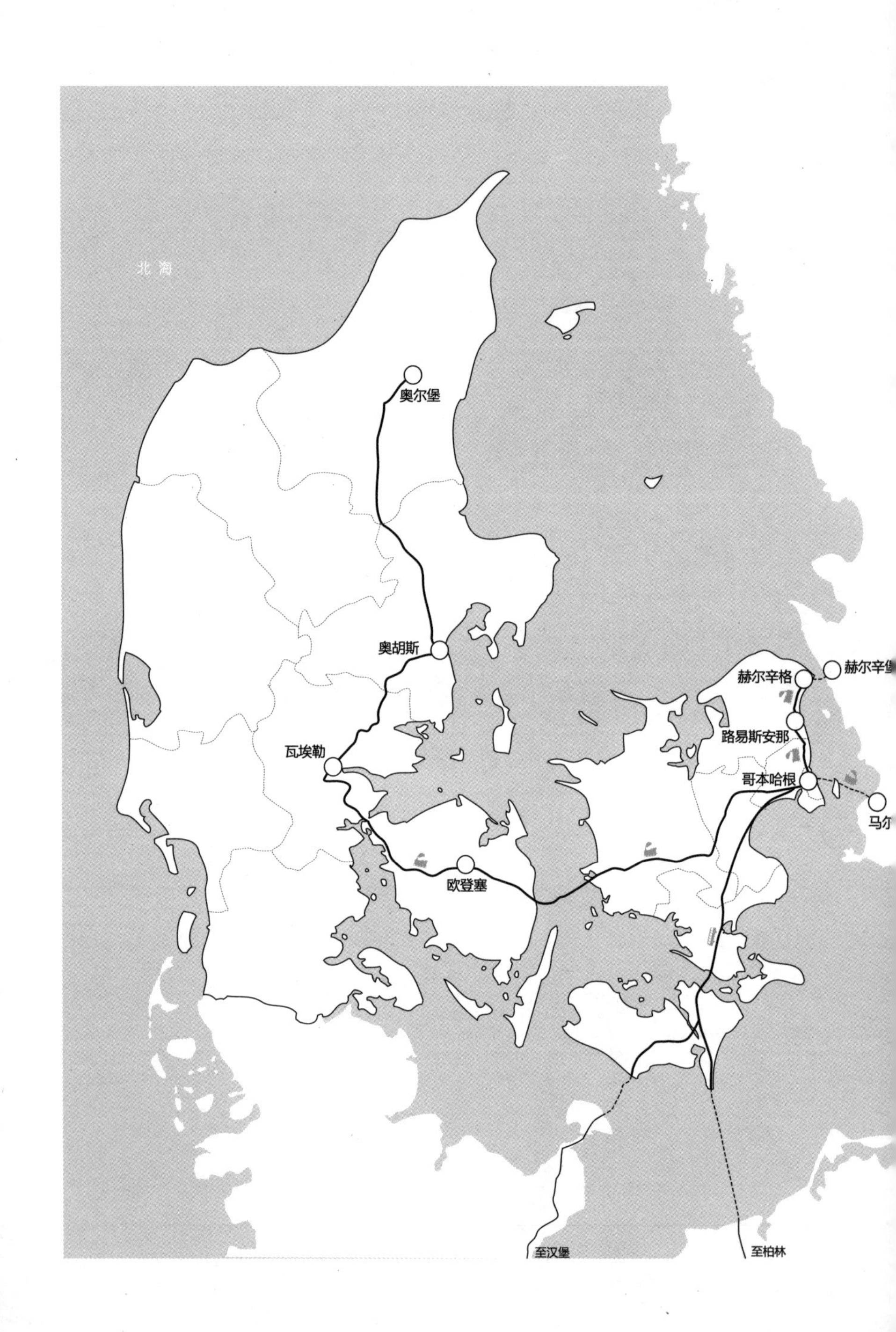
北海
奥尔堡
奥胡斯
瓦埃勒
欧登塞
赫尔辛格
路易斯安那
哥本哈根
至汉堡
至柏林

西兰岛之行

哥本哈根（Copenhagen）
到达方式：机场乘地铁10分钟即可到达市区。
停留时间：1年
城市说明：丹麦首都及经济文化中心，著名宜居城市。
特色建筑：中心区内新旧建筑相得益彰。

DAY 1: 路易斯安那博物馆（Louisiana Museum）
到达方式：从哥本哈根乘火车40分钟可达。
停留时间：1天
城市说明：北欧地区最负盛名的现代艺术博物馆之一。
特色建筑：与自然相适应的园林建筑。

DAY 8: 赫尔辛格（Helsingor）
到达方式：从哥本哈根乘火车1小时可达。
停留时间：2天
城市说明：港口小城，莎翁著《哈姆雷特》于此。
特色建筑：克伦堡宫，伍重建住宅区Kingo House。

注：
丹麦处于沟通斯堪的纳维亚半岛与西欧腹地之枢纽地带：
自哥本哈根向南乘巴士或火车6小时可达汉堡，10小时可达柏林。
自哥本哈根向北乘火车半小时可抵达瑞典城市马尔默；8~10小时可达哥德堡或斯德哥尔摩。
自赫尔辛格乘渡轮半小时可抵达瑞典城市赫尔辛堡。

日德兰半岛及菲英岛之行

DAY 1: 欧登塞（Odense）
到达方式：从哥本哈根乘火车2小时可达。
停留时间：1天
城市说明：丹麦最古老的城市，安徒生的故乡。
特色建筑：安徒生博物馆、大教堂等。

DAY 2: 奥胡斯（Arhus）
到达方式：从欧登塞乘火车2小时可达。
停留时间：1天
城市说明：丹麦第二大城市。
特色建筑：音乐厅、现代艺术馆、大教堂等。

DAY 3: 奥尔堡（Ålborg）
到达方式：从奥胡斯乘火车1小时可达。
停留时间：2天
城市说明：丹麦北部港口城市。
特色建筑：伍重中心。

哥本哈根中心步行街区一角

哥本哈根·笔记 2009/9/5

童话之城
Atypical Fairy Tale

都说哥本哈根是童话之城，这里有安徒生，有美人鱼，有古老的城堡和悠久的城市。初来的时候，感觉却并没有传说中那么惊艳。天往往是阴沉的，且风雨无常。九月的风就很大了，能吹透过两层的毛衣。

前几天访问过一个城堡，稀松平常；城里的街道虽美，却也美不过巴黎；鳞次栉比的民居有点荷兰风；而市政厅和许多重要建筑据说是模仿锡耶纳造的。想来也是，北欧人本是海盗出身，哪有那么多垒砖砌瓦的传统呢？

然而在这里待的时间越久，就越是无法自拔地喜欢上这座城市。

自行车拥有至高的优先权，通常自行车道和汽车道差不多宽窄。而公共交通可以和时刻表分秒不差，对此我屡试不爽。甚至从市区地铁直达国际机场只需要 15 分钟，令喜爱旅行的哥本哈根人觉得特别亲切。在这个城市里行走、生活，觉得尺度刚刚好，工具正合适。

这个经济水平位居全球前十名的国家里仍然保留着一些质朴的品质。我的一些朋友在公交车上遗落了钱包，可以根据乘车时间准确地找到公交车司机和遗物。另一位荷兰来的朋友在市立图书馆里遗落了单反相机，两个月之后收到邮件被通知来丹麦领认失物。这是世界上最安全的城市之一，在哥本哈根午夜的街上行走，人们都觉得很安全，唯一困扰人们的是醉酒的年轻人的高歌，却完全不用担心歹徒来袭。

有阳光的日子，哥本哈根会变成另一座城市。特别是星期天的下午，即使很多商场都不营业了，但每一个广场都聚满了人群，每一个广场上都会有一位热情的演奏着，表演的人、聚会的人或者那些匆匆的过客，都在眉宇间上透出轻松、惬意的表情。

有一天在市政厅广场上碰到个旅居丹麦的波兰摄影师，说哥本哈根的房子本没有什么历史，不如意大利法国之类，然而意大利人法国人在城市建设方面却在不断地向哥本哈根学习。汽车的数量控制得很好，交通从不拥堵。社会讲究秩序、公平，贫富差距不大，人们也不互相怨恨。

我很同意他的观点，对于生活城市里的居民而言，许多幸福的细节比一副惊世骇俗的场景更令人着迷，哥本哈根有一点意大利式的浪漫，也有一点德国人的严谨，还有一点北欧人对平等的考量。以上种种加在一起，就是我所看见的这个平实而温馨的童话之城。

远离汽车的城市

Copenhagen: A City Getting off Cars

1962 年，当哥本哈根市中心 Stroget 大街被改为步行街的时候，曾遭遇到激烈的辩论和阻挠。那时 Stroget 大街是穿越城市中心的一条机动车要道，周围的几个广场也都是停车场。那时候没有人料想到，40 年后市中心彻底抛弃了穿越的机动车辆，纯步行区面积扩大了 7 倍，而过去的停车场大量都改造成了城市广场和公园。尽管全城的机动车道显著减少了，甚至在某些时段不能穿越中心城区，然而这座城市的拥堵现象比 40 年前有很大改观。这或许可以说明一个道理：疏通交通不是靠修宽马路，而是相反靠减少马路，并辅之以更高效率、更尊重自然环境的公共交通和自行车系统。

如今 Stroget 大街每天将迎来 55000 名市民。对于这样一个人口仅 60 万的城市而言，这意味着每天每 10 个人之一就会来到市中心 Stroget 购物、休闲或者与朋友约会。这对于普遍郊区化的西方国家而言简直是一个奇迹。而扬·盖尔的调查显示，市民们到达市中心 40% 是通过公共交通，30% 是通过自行车。20% 是通过步行，仅有 10% 不足是乘坐私人车辆。也因此，丰富的公共活动出现在机动车严格受限的市区内，聚会、就餐、表演、漫步、遛狗、运动，人们可以尽情享受步行生活的种种乐趣。

另一方面，哥本哈根严酷的冬天也让市民们更加珍视阳光和户外生活的品质。即使在大雪纷飞的冬天，很多人也喜欢去 Nyhavn 运河边的户外餐厅享受美食；春天即将过去的时候，哥本哈根人便迫不及待地跳入仍旧冰冷的 Havnebadet 河水中；而到了夏天，几乎全城的每一条街道上都挤满了穿着尽可能少的姑娘小伙，全身心地沐浴在温暖的阳光之下。夏天每天 20 小时以上的日照，照耀着全城，仿佛指挥着一场永不休止的狂欢。

历经 40 年之久、无数任市长、规划专家、设计师为这座城市的无车化倾注了心血，到底是什么信念支撑着这些丹麦人呢？规划学家扬·盖尔曾经在一本书中解释说，哥本哈根是一个“一层”的城市，没有地下商场、隧道，也并不感兴趣建设地面以上的步行连廊或“天街”。因此，所有重要的城市活动都发生在连续的地面层上，公共生活的品质极大的依赖于公共街道的环境状况。要汽车？还是要公共生活？激烈的辩论之后丹麦人庆幸自己选择了后者。

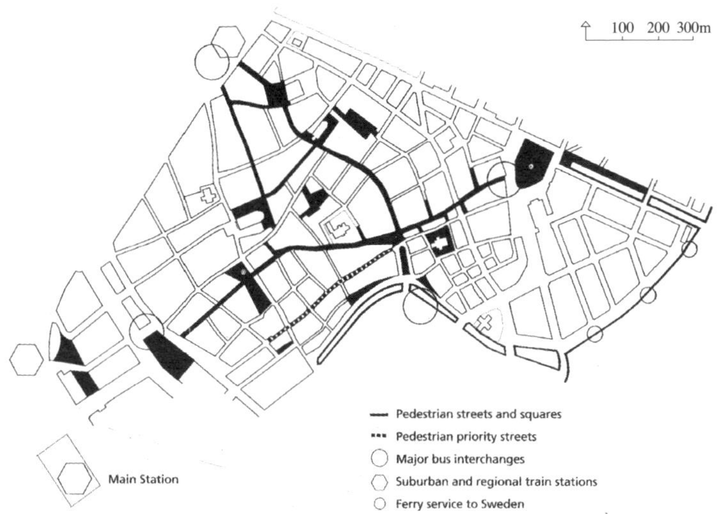

哥本哈根步行街区平面图（摘自扬·盖尔《交往与空间》）

过去与现在

午后的Stroget大街

我 哥本哈根

I CPH

20世纪六七十年代的中国曾被那些满街跑汽车的西方国家称为“自行车王国”，仅仅半个世纪后，当中国人骄傲的“抛弃”了落后的自行车时，西方国家最发达的城市之一哥本哈根却变成了一座狂热的自行车之城。

今天的哥本哈根是一个无处不优先考虑自行车的城市：有为自行车设计的交通灯、立交桥，也有属于自行车的专用道、公园，甚至是狂欢节。反过来，自行车也回馈给哥本哈根人不同寻常的生活趣味，特别保护着婴儿的自行车可以让妈妈和孩子一同郊游，免费供租的自行车在第一时间令陌生的旅人感到温暖。

40年来哥本哈根机动车行驶量的大幅减少与室内步行街面积的显著增加，都有赖于城市对于自行车的大力推广与使用。360多公里的自行车网络覆盖了哥本哈根全城，而全城40%的市民常年选择自行车出门，考虑到这里比我国最北端漠河县还要高的纬度，简直是一个奇迹。很少有城市像哥本哈根一样设置与机动车道等宽甚至更宽的自行车道，而更鲜见交叉路口的红绿灯也特别设有优先服务自行车的信号。每年夏天的自行车狂欢节和国际自行车大会更是象征着哥本哈根人对于自行车的喜爱与自豪，吸引了全世界的目光。

不只是一厢热情这么简单，以设计而闻名的哥本哈根人不会放过任何一个机会将自行车产品推向完美。曾在哥本哈根的自行车节听一个设计师讲述他们设计脚踏板时，首先要斟酌其造型令使用者蹬踩时更舒适，同时也考虑怎么让一位西装革履的男士骑

一年一度的自行车节

行的姿态更加优雅。一辆可以同时搭载两位儿童，并特别设计了防护装置的三轮自行车，售价高达 3000 欧元以上，抵得上小半辆汽车的价钱，仍然十分抢手。

当然，身边的丹麦朋友也无数次不厌其烦地向我解释过自行车的好处：安全、环保、便捷等等，这其中最令我信服的一条理由是，当你骑行的时候，很容易和旁边的人交谈，也可以随时停下来欣赏风景，是一种有“人情味”的交通方式，从这个意义上讲倒确实胜过驾驶汽车的时候人人各自蜷缩在自我封闭的盔甲内，谨小慎微。

闻名于世的“城市自行车”（CityBike）是哥本哈根人引以为豪的发明：2500 辆特别制作的租赁自行车在全城 110 个停放处免费提供给作客的游人。租用这种自行车，你只要在机器上投一枚 20 丹麦克朗（约 25 元人民币）的硬币，不过不用担心，当你在任意停放处归还自行车后，20 克朗将被自动退还。虽然是免费提供的，哥本哈根人设计考虑得十分周全，在车前附有哥本哈根市区和主要景点的地图。 而为了防止被盗用零件，“城市自行车”的每个部分都经过了巧妙的设计，使之无法在其他类型的自行车上使用。

正如这座城市里的其他设施一样，各种不同的社会角色的参与都被考虑在自行车计划内。负责“城市自行车”项目运行的非盈利性组织 Incita 每年将工作培训免费提供给上百位刚刚回归社会的精神病人和罪犯，经过“城市自行车”项目中短暂的工作培训和社会适应之后，这些并不受“欢迎”的回归者竟有八成左右在随后找到正常的工作职位。

然而这一切努力还没有画上句号，时至今日哥本哈根人仍在努力经营自己的城市空间。2009 年哥本哈根政府举办了一次全球设计竞赛，邀请设计师为改进现有的共享自行车系统出谋划策。最终来自瑞典 - 加利福尼亚的设计师团队和日本 - 瑞士的设计师团队脱颖而出，提供了对于自行车性能、外观和停放问题的改善方案，并将在 2013 年正式投入使用。就让我们拭目以待吧。

自行车信号灯

自行车 | 婴儿车

林中人家 · Kingo House 2009/10/4

你相信这片村舍和悉尼歌剧院是同一位设计师设计的么？他就是伍重，一位服务于平凡生活的建筑大师。

伍重，不止悉尼歌剧院（一）——被遗忘的住宅

Utzon's Kingo House, Helsingor

论丹麦建筑，便不能不提建筑师伍重；提起伍重，便难免会议论起悉尼歌剧院的褒贬万千。诚然，20世纪80年代建成的悉尼歌剧院，让世界于一夜之间认识了伍重，却也使大众以悉尼歌剧院的形象符号化了建筑师本人。

然而在伍重众多作品中，地标性的悉尼歌剧院只能代表很特殊的一小类。在他生涯的大多数时间里，伍重被认为是一个致力于人类幸福的人道主义建筑师，无时无刻以对人性、社会性的思辨指导自己的建筑创作。他的许多作品至今仍然屹立并影响着生活在其中的人。

小城赫尔辛格郊区的廉租住宅区 Kingo House，便是这样一个例子。

那是2009年秋的一天，BIG的同事推荐我去哥本哈根北面的港口小城赫尔辛格（Helsingor）看三个房子：莎翁写《哈姆雷特》时隐居其中的城堡 Kronborg、BIG已建成的精神病医院以及正在进行施工图设计的丹麦海事博物馆的施工场地。然而令我印象最深的并不是以上三者之一，而是不经意遇见的另外一座（组）房子——Kingo House。

印象深，不是因为它"炫"，而是因为它太不"炫"了。

乍一看，感觉它就像老家的农民房，正面沿街是一堵极其简单的实墙，明显是住宅背面的机动车入口，隐约可见墙内庭院里伸出的高大树冠。我沿着这堵由实墙与绿篱交替组成的"墙"走着走着，绕了很久终于找到个栅栏入口，得以瞥见住区内极其朴实的场景：家家户户在开放的院子里种满花草，合围起中央广阔的草地和泻湖，一座座住宅隐藏在四周绿树丛中，显得静谧安闲，而不见一丝张扬跋扈的表情。这一切惊得我说不出话，心中一直在想：这真的是那个设计悉尼歌剧院的伍重设计的么？

那天之后我去图书馆认真查了查这个房子，惊讶地发现其建造时间和他中标悉尼歌剧院是同一年——1957年。这个项目的初衷是要在当年乏善可陈的廉租房项目里做一个范例，于是伍重和他父亲投资先盖了一个院子，之后找到媒体拉来赞助进行推广，之后就一口气盖了63个院子。每一个院子都朝向正南、西南或东南，以捕获珍贵的阳光。房子当时卖得很便宜，住户主要是当地的蓝领工人家庭。

在具体设计上，伍重鲜明地表达了对于"世界性"建筑的追求：借鉴了伊斯兰不开窗的沿街立面，吸收了外紧内松的中国式庭院，运用起山墙、单坡屋顶等元素，又继承了北欧极地建筑的传统，将个体住家嵌入与自然相融的社区网络，以得到邻里式的交互与隐私。每一座院落、每一道围墙被仔细考量，以适应场地环境的具体方位、地形和植被情况。因此，整个建筑群形成了一个服务于日常生活的连续时空，并使社会交往与私人生活中达到平衡。

就我所知而言，这是西方建筑中很少有的强调土地节约、紧密的邻里社会、服务

廉租住宅区Kingo House，入口

廉租住宅区Kingo House，内院

于普通社会民众的建筑作品。也是从那时候起，那个以悉尼歌剧院为脸谱的伍重在我心中变得立体丰满了起来。

看到伍重住宅中的山墙侧影，我忍不住想起中国。

不知道中国建筑的历史是否可以看成是住宅的发展史——从草屋到高堂，从平民住的院落到帝王住的宫殿再到供奉死者的祭坛，以及为神畇修建的庙宇，无非是不同类型的“人”居住的不同尺度的住宅。一脉相承的空间结构、构件组成、构造逻辑，靠祖辈相传不断革新才有辉煌灿烂的城市。其中的一些养分甚至影响到像伍重这样的西方建筑师。

然而回想起来，如今的建筑教育却几乎变成了以公共建筑主导的教育。层出不穷的所谓当代中国建筑“杰作”更是证明了这一点：从上海令人骄傲的摩天楼群到鸟巢鸟腿鸟蛋，忆起学生时代的我和同学们有空就去现场看公建，抄杂志上的公建，全方位地体会视觉冲击。本科时代我接触到的为数不多关于住宅的设计课是别墅，而天知道有多少中国人是住在别墅里的。

想到这里，我突然很感激这座“被遗忘”的住宅。

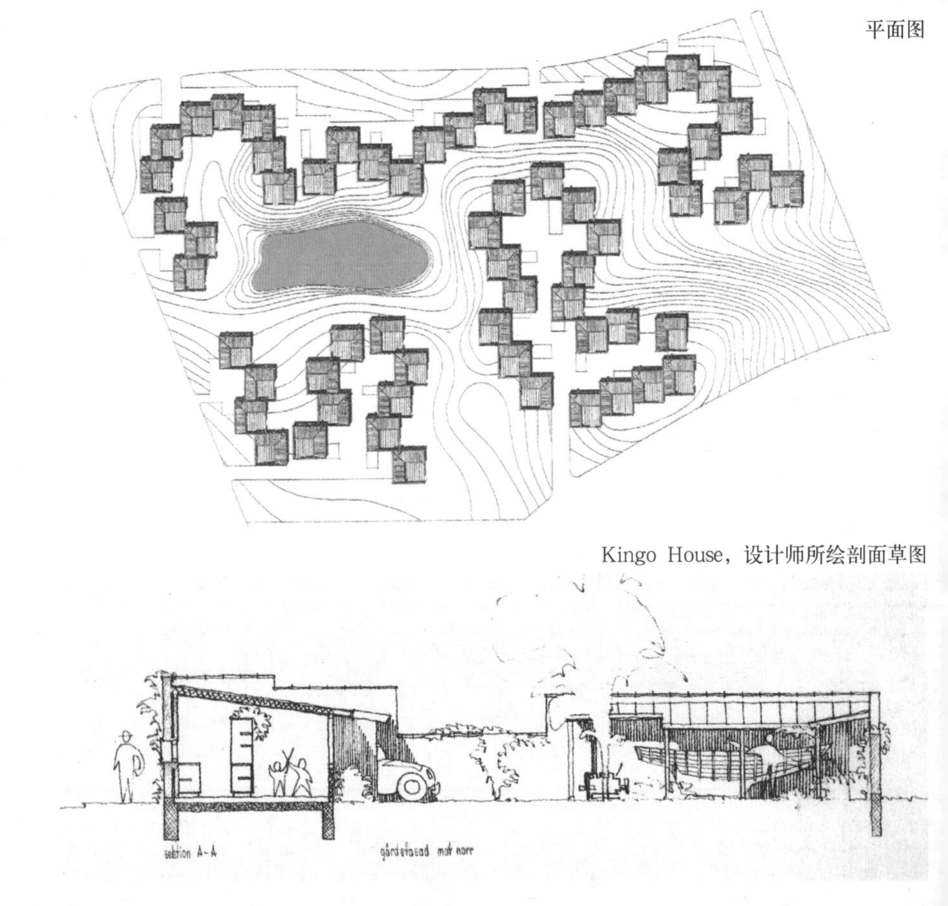

平面图

Kingo House，设计师所绘剖面草图

廉租住宅Kingo House，内院湖景

伍重，不止悉尼歌剧院（二）——光的教堂

Utzon's Bagsvard Church, Copenhagen

如果说 Kingo House 建于悉尼歌剧院之前，代表了伍重关于院落式住宅以及建筑－场地关系（earthwork）的设计探索；伍重的另外一条线索则是他对于现代主义建筑所暗示的平屋顶建构（roofwork）的挑战。

驻扎悉尼歌剧院十几年之后，当他重新踏上丹麦的土地的时候，他开始结合这两种尝试。而哥本哈根市郊的巴格斯韦德教堂（Bagsvard Church）则被认为是这样一座集大成者。

2010 年春天，我拜访了这座极富争议的作品。

尽管之前查阅过一些资料，然而当这座建筑浮现在眼前之时，我还是忍不住大吃一惊。这座建筑的外立面由白色木材与素色混凝土结构框架构成，暗合北欧乡土建筑的横木作法，也吸纳了中国和日本的格子细作，看上去令人联想起一座日本或者中国的寺院、宝刹。延续着之前作品中透露出的设计理念，伍重在巴格斯韦德教堂的设计中坚持着自己对于欧洲文化中心的挑战，力图塑造起一种跨文化的世界性建筑形象。

教堂坐落于哥本哈根郊区，曾经由于过于狭长比例而迟迟未能找到理想的建筑方案。

20 世纪 70 年代，教堂筹建委员会在参观过伍重的一次个人草图展后，决定邀请他来解决这一设计难题。

反复考虑了地段的特点后，伍重顺应着狭长的场地，塑造起一组峰谷层叠的建筑形体，如浪涛，更似云团，将场地切割成若干个庭院单元，服务于需求不同的功能活动：礼拜、祷告、排练、办公、静思等。

据说这个创意来源于他多次到夏威夷瓦胡岛度假经历到观雄壮的海浪的意向。不过另外一些早期速写更清晰地表达出他的设计灵感：云层不断积涌攀升，而一线阳光穿透积云舒缓地射入室内，直抵圣坛。

四十年后的今天，当我步入教堂 nave 的时候，仍然可以强烈地感到建筑师想要传达的信息：柔软的漫射光，富于想象的雕塑感屋面，纯粹的材料秩序和明暗扑朔的阴影变化，塑造出纯粹而超脱的氛围。

建筑师草图

巴格斯韦德教堂外景

巴格斯韦德 教堂内景

没有十字，没有钟楼，没有圣母像。

巴格斯韦德教堂实在和其他的丹麦教堂没有太多共同特点。

这里只有光。那倾泻而下的、纯净的光渲染出教堂几近超验的气氛，抽象地表达出“神圣”的主题。

信仰叙事与建筑情境完美地契合了，因为在基督徒的信仰中，光即代表着耶稣基督和永恒的真理，并“照亮一切生在世上的人。”

为了塑造这光的效果，伍重采用了双层外墙的做法，标准模数的预制混凝土填充砌块作为外围围护体，而内侧的现浇混凝土（折板式）薄壳拱顶塑造出海浪般的弧形天花形式。这般建筑内外迥异的戏剧性效果，据说多少借鉴于中国古代宝塔的双层砌体结构。

这种将折板结构的大跨能力作为建筑设计的出发点和天然表现力的做法，体现出伍重对于结构形式的强烈关注，在他同年代的建筑师中很少有人能够企及。

确实，如许多建筑批评家所言，这座建筑融合了伍重各种思想，其复杂性之深很难一目了然。即便是这样蕴含着丰富哲学思辨与建筑理论的一座建筑，也坚持将真实的材料形式、朴素的质感和对使用者的思维考虑落实到每一个细节。

木材的大量使用，不只限于纯粹裸露的室内装饰性木材，更是覆盖了从地面至天花板的未经粉饰的室外立面。散发出“家具式”诱人触摸与感知的体验性元素；木墙上整齐排列的裸露灯泡严谨地排列成横向列状，在昏暗的时间照亮建筑的角落，更完善了廊道与 nave 的空间构图；nave 弧形天花那貌似信手拈来的形象，也被精心考虑采用细致横条的混凝土制模方式，塑造出天花上精致的纹路，以彰显曲线之美。

教堂内庭

教堂庭院

圣坛

微城市 —— BIG 山住宅

MicroCity—BIG's Mountain House

比亚克 · 因格尔斯与他的 BIG 事务所设计的山住宅使他们在 2008 年瞬间红遍欧美建筑界。这座看起来有点“性格分裂”的建筑坐落于哥本哈根市区东南郊的 Ørestads 新区，毗邻 BIG 事务所的另一座成名作 VM 住宅。

基本概念很清晰，即如何在有限的场地内解决住宅与停车场的混合功能。BIG 巧妙地将独立别墅层叠于停车场上方，使每一位住户可以将汽车直接开到家门口，而打开家门又能享受一览无余的视野。

从东南侧望去，这座建筑就仿佛一个容纳了数十座小别墅的集合，并保有了各自的种植花园与私密空间。同时，东南偏南的朝向保证了最佳的日照角度，这一点对于这一地区的建筑至关重要。而从西北侧望去，金属穿孔板围护着停车空间。构成形如喜马拉雅的立面形象。

这座建筑层叠起伏的造型和富于想象的立

山住宅内嵌停车场

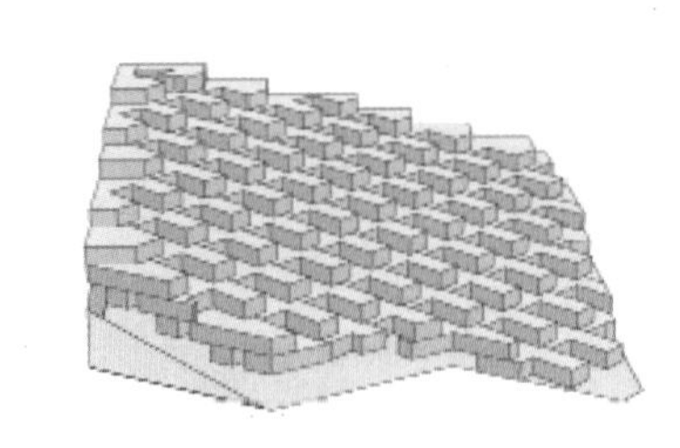

叠落的山住宅

沿街“山”立面

面不止吸引着建筑师前来参观，也吸引了许多极限爱好者。他们有的利用层叠的平台练习滑板，更有甚者喜欢在“喜马拉雅”立面上攀登。2010年春天导演 Kaspar Astrup Schroder 利用这座建筑完成了一部城市纪录片《我的运动场》(“My Playground”)，以探讨山住宅这类建筑或城市公共空间与极限运动发展之间的联系。

16

乐高王国

Denmark: A Lego-Country

BIG 事务所主持设计师比亚克·因格尔斯曾在多次采访中提及丹麦的预制建筑文化及其中体现出的功能理性与空间模数。在他看来，二战之后预制技术的蓬勃发展使得建筑业彻底摒弃了现浇工序，促使丹麦建筑师运用一种模块化的眼光看待建筑设计。

从这个角度来看，丹麦就好像一个巨大的乐高乐园，由不同的预制建筑原件拼装而成。而这样的建筑设计概念，几乎可以对应上丹麦街道上每一栋房子。

BIG 事务所设计的 VM 住宅和“丹麦土楼”（哥本哈根大学学生宿舍）是这类“乐高”建筑中的杰出代表。前者通过协调不同三角形阳台单元的错置而获得富有生趣的邻里气氛。而后者利用所有基本住宅单元围合成为一个类似土楼的圆形庭院，并在每一种单元的设计上以材料和细部微差创造出不同的室内空间感受。

左上：VM住宅

左下：哥本哈根大学学生宿舍

变废为宝——Frøsilos

Denmark: A Lego-Country

Frøsilos 这座哥本哈根港区高档公寓由荷兰建筑事务所 MVRDV 改造设计完成。令人难以置信的是，它的前身竟为两个直径 25 米左右的谷仓。

不同于其他的改造方案简单填充谷仓中空空间，MVRDV 尝试用悬挂方式向内和向外传造出住宅空间，而楼梯成为悬浮在谷仓大厅里的雕塑。

为了减轻悬挂的重量，轻质围护材料被使用以减轻自重，例如完全落地的玻璃外立面和极少数的室内隔墙，这一不得已之举却造就了灵活的室内空间和开放的立面系统，使得建筑颇受用户喜爱。

上：入口大厅
右：内部楼梯
下：沿湖立面

丹麦路易斯安那美术馆

艺术的园林

A Garden-Like Museum

2010年冬天一个平静的周末，我和朋友从哥本哈根乘火车出发，造访了享誉北欧地区的路易斯安那博物馆。白茫茫的一片榉木丛中，这片低矮、简约的博物馆建筑群隐隐若现，仿佛一座园林融于自然之中。

借用歌剧大师瓦格纳的一种戏剧理论来说，这座博物馆本身就是一座“总体艺术”作品（Gesamtkunstwerk）。所不同的是，瓦格纳提出的音乐、戏剧、舞蹈、视觉效果等舞台元素的无缝结合，在这里对应于环境、展品、空间与游人构成的“艺术园林”。

行走在这座博物馆内，你会注意到简约干净的细节：地面由深红色、与砖同宽的木板铺制而成，木制天花随着廊道的线条向前延伸，轻盈的木框架坐落于混凝土基础之上，伴随着水平伸展的屋顶掌控着空间的韵律，而墙壁完全由饰为白色的普通砖块砌成，成为展品背后朴实而不死板的背景图案。

与卢浮宫、大英博物馆等古典艺术博物馆相比，这里没有炫耀奢华财富与历史权威的大理石砌块与柱廊；与蓬皮杜等现代艺术博物馆相比，这里也没有炫目的金属建材、反射玻璃和穿孔板。再普通不过的砖和木条，最朴素的材料和最简约的建筑细部使得建筑在环境中看起来极不显眼，却也让行走在其中的游人感觉仿佛行走在自然之中。这一切，都吻合了博物馆创立者 Knud. W. Jensen 对于“新式博物馆”的构思。

50年前，这位丹麦奶酪商人兼业余策展人与杂志主编在一次与 New Yorker 杂志的采访中，直率地批判了传统博物馆“巨大、肥胖的柱廊”和“令人生畏的石砌台阶”，Jensen 认为这一切要素所构成的高大恐怖的殿堂形象，令传统博物馆过分的沉溺于自我陶醉之中，而并不符合现代艺术的价值观。相反的，他主张把博物馆搬到公园里，建一些“低矮的展室”，又要“美妙的自然光线”和“令人向往的自然风光”。

此后不久，于1955年 Jensen 成功地买下一片坐落于 Humblebak 临海林地中的颓圮庄园，并将其中老式别墅、四周的林地与花园改造成为了最早期的 Louisiana 博物馆，而博物馆的名称 Louisiana 据说来源于原先庄园主人一生中三次迎娶名叫 Louise 的女子的典故。

日后随着博物馆基金会的日益发展，博物馆经历了一次又一次的扩建，也从原先独栋的庄园别墅扩展为一系列游廊建筑。建筑师 Jorgen Bo 和 Vilhelm Wohlert 始终遵循着博物馆的三个愿望：

第一个心愿，是要有一间房子完全的敞开视野，面向百米外的灌木丛生的内湖。而今天陈列 Giacometti 的那个展厅，就是这个想法的完美实现。

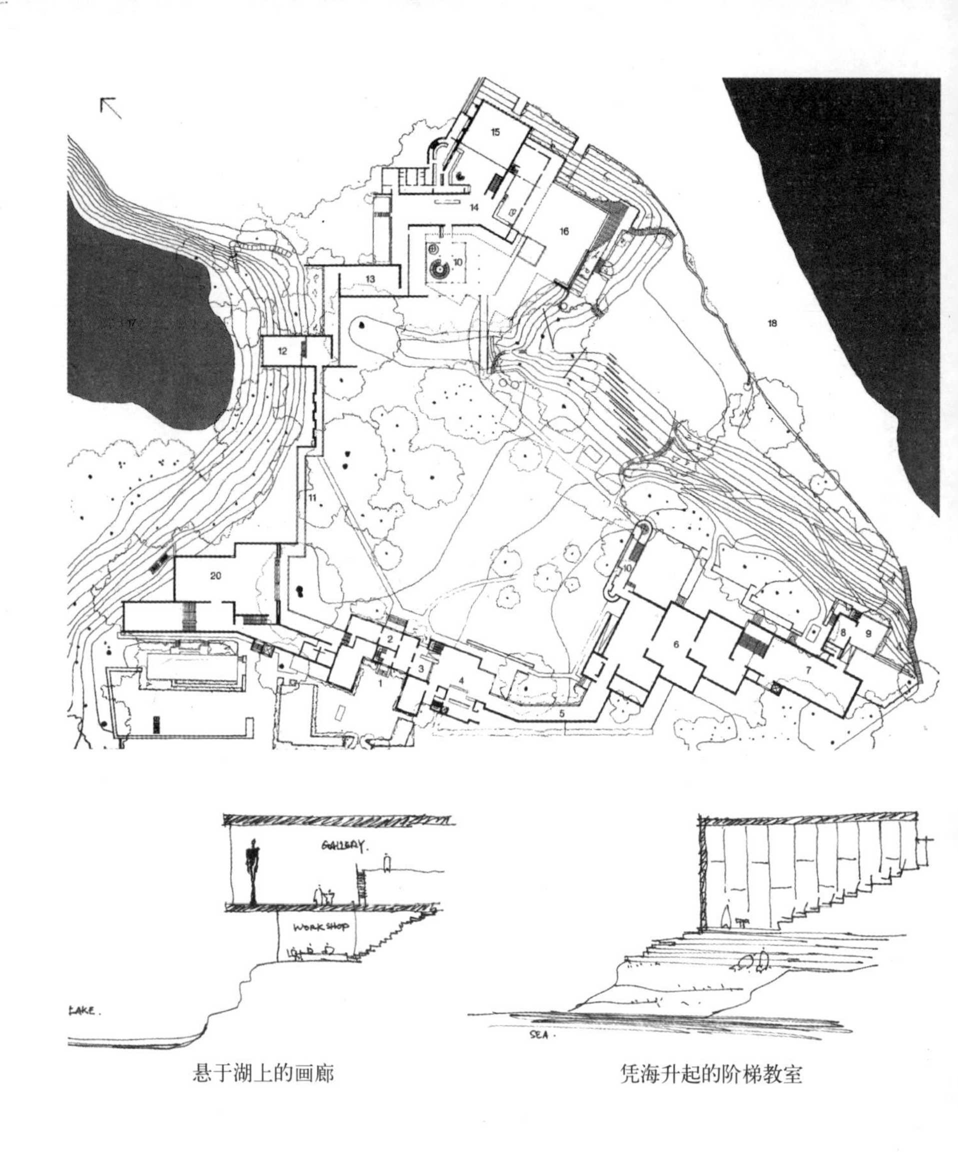

悬于湖上的画廊　　　　凭海升起的阶梯教室

第二个心愿，距老房子三百米外的玫瑰园里要有一间咖啡厅和平台，可以尽览隔海相望的瑞典。即使在我所造访的冬天，也有许多游人在平台上眺望远方，欣赏美景。

第三个心愿，是要将原有别墅建筑保留为博物馆的入口，无论将来博物馆多么恢宏。于是今天当来自世界各地的游人来到博物馆面前的时候，多少都有点吃惊，正如Jensen曾经描述过的样子，“我希望来访的人感觉他们将要造访一位平庸、闲适而略有古怪的乡下舅父。”

这样一种充满着人情味儿的建筑气氛，指导着建筑设计的每一个环节：为了保护场地上高大的榉木群，建筑师增加了许多额外的曲折，创造出穿梭于树丛中

划分不同院落的游廊

的一系列变化丰富的空间，它们沿着游廊蜿蜒展开：有的以一面玻璃侧廊面海，有的两面环顾丛林，有的以双层高展厅俯瞰内湖，有的成为平台之下的暗室，有的凭着天窗光线陈列展品。正如丹麦皇家建筑学院的学者拉斯姆森评论这座博物馆时说，“(在这里)建筑师担任着一种类似戏剧监督的职责，规划着我们生活中的一幕幕场景。”

瑞士——和谐的国度

空间、光线和秩序，这是人们不可缺少的，就如同他们需要面包和睡觉的地方。

——［瑞士］柯布西耶

日内瓦湖畔风光

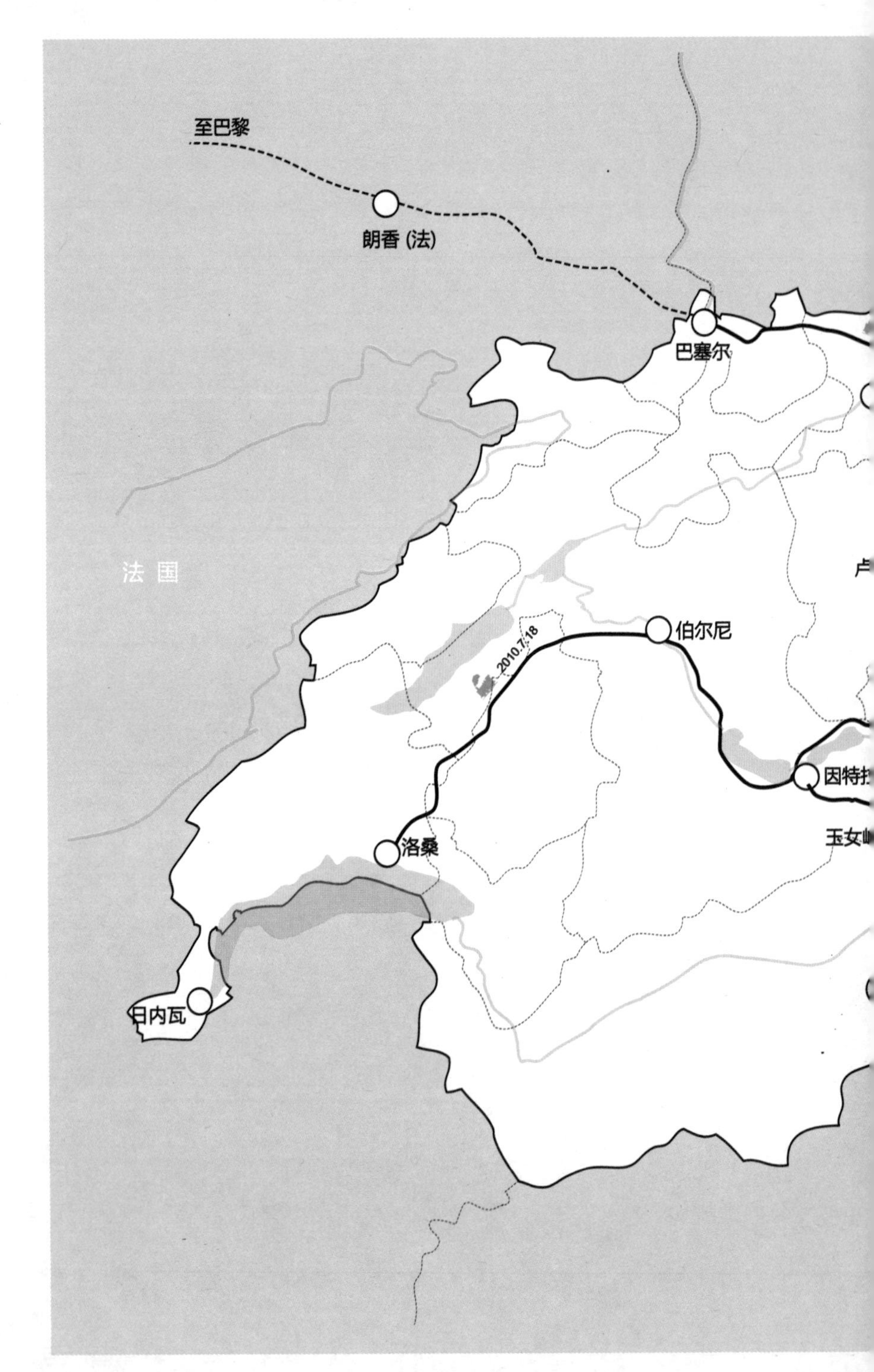

至巴黎
朗香 (法)
巴塞尔
法 国
伯尔尼
2010.7.18
洛桑
日内瓦

德国
苏黎世
楚格
2010.7.19
奥地利
库尔
2010.7.20
瓦尔斯
2010.7.21
2010.7.22
贝林佐纳
卢加诺
意大利
至米兰 (意)

DAY 1: 苏黎世（Zurich）
到达方式：机场乘轻轨30分钟即可到达市区。
停留时间：4天
城市说明：瑞士经济文化中心，著名宜居城市。
特色建筑：中心区内新旧建筑相得益彰。

DAY 5: 巴塞尔（Basel）
到达方式：从苏黎世乘火车2小时可达。
停留时间：1天
城市说明：德瑞法三国交界处的工业城市。
特色建筑：莱茵河畔的老城建筑，廷圭利博物馆等。

DAY 6: 维特拉（Vitra）
到达方式：从巴塞尔中心乘公交半小时可达。
停留时间：1天
城市说明：地处德国境内的小镇，维特拉家具厂坐落于此。
特色建筑：维特拉厂房、博物馆、消防站等设施。

DAY 7: 库尔（Chur）
到达方式：从苏黎世乘火车3小时可达。
停留时间：1天
城市说明：山区小城。
特色建筑：卒姆托—古罗马考古遗址。

DAY 8: 瓦尔斯（Vals）
到达方式：从库尔乘山区火车再转大巴3小时可达。
停留时间：2天
城市说明：阿尔卑斯山山谷尽头的小镇。
特色建筑：卒姆托—温泉浴场。

DAY 10: 贝林佐纳（Bellinzona）
到达方式：从库尔乘大巴5小时可达。（苏黎世乘火车3小时）
停留时间：1天
城市说明：瑞士南部意大利语区重要城市。
特色建筑：世界文化遗产—三城堡。

DAY 11: 卢塞恩（Lucerne）
到达方式：从苏黎世乘火车1小时可达。
停留时间：半天
城市说明：瑞士中部著名的旅游城市，湖光山色甚美。
特色建筑：老城建筑，文化和会议中心。

DAY 12: 洛桑（Lausanne）
到达方式：从苏黎世乘火车3小时可达。
停留时间：1天
城市说明：瑞士西南法语区城市，“奥林匹克之都”。
特色建筑：洛桑联邦理工学习中心。

瑞士·印象 2010/7/25

和谐的国度

A Harmonious World

场景 A. 市中心湖区，小女孩、天鹅、野鸭和狗一起游泳

刚到苏黎世，大学同学就鼓励我去苏黎世湖边走走，她说现在是游泳的季节，全城的人都出动了。我初听到时并不太以为然。然而刚到湖边，我就被眼前的这一幕震撼了：烈日炎炎的苏黎世湖边，人们几乎一丝不挂地躺着晒太阳，捧着书的、卿卿我我的、聊天玩牌的，当然还有狗的主人们不时往湖水里扔木棒逗狗狗去追。水里，看到很多小朋友和父母们在游泳嬉戏，天鹅与野鸭大摇大摆地从他们之中游过。更远处，是星星点点的私人游艇，很少能看见跋扈的轰鸣追逐，船主们多只是静静的罩上雨棚，坐在船头晒太阳。这几组毫不相关的角色，虽然彼此相隔咫尺之遥，却和睦得仿佛处在不同的世界。

场景 B. 湖边的房子

我来到卢塞恩湖中乘坐游船的时候，很震撼于湖边的风景：青山绿水丛中，色彩朴素的小住宅点缀般散布着；偶尔有高山缆车，携游人往云中去了；也有码头，安静的等待着旅人的归来。看看这美丽的山水，以及山坡上密遍着的高档住宅群。那时不禁想到，谁说高密度的人居和良好的自然环境是矛盾的？至少瑞士人从中找到了一种平衡。

久闻瑞士山水甲天下，可我并不觉得其中风景真的比云贵四川一带的山水高明。只是像同行朋友所说的，我们的好山好水之处，往往是所谓穷乡僻壤的欠发达地区；而文明高度发展的城市周边地区，美丽的风景甚至基本的生态资源都被摧毁殆尽。这才是真正的差距。

场景 C. 瑞士南部山区

因为瑞士建筑师马里奥 · 博塔，我知道了瑞士南部的提契诺（Ticino）—— 一个工艺与设计领域极其发达的地区。限于时间关系，我只走访了其中的一个城市贝林佐纳，参观那里的世界文化遗产及改建项目。

然而从贝林佐纳往返苏黎世的火车途中，我却惊讶地发现了这个地处阿尔卑斯山脉深处的地区工业化水平极高。无论是工厂、隧道、加油站还是普通民居，都出落不凡，设计与建造质量之高都让凭窗眺望的我激动不已。

右上：苏黎世湖

右下：依山傍水的瑞士住宅

场景 D. 洛桑至 Monteaux 之间的沿湖铁路线

由于购买了青年火车通票，我和同伴每天都会坐火车去很远的地方，在途中也常会突发奇想跳上没听说过终点的列车。幸运的是，车窗外的景色也从没有让我们失望。

在洛桑旁边的小城 Vevey，旖旎的风光中我甚至曾经瞥见柯布西耶为母亲设计的住宅。在苏黎世东南小城 Zug 附近，许多小别墅很有苏黎世高等工程学院（ETH）建筑系的风格。而在提契诺山区，疑似马里奥 · 博塔设计的一个华丽的加油站让我一瞥之后始终难以忘怀。

说到铁路旅行，我不得不佩服瑞士火车的精确运转。一方面火车时刻表精准到分钟，另一方面车次的行程又安排得很合理，比如为方便转车旅客前后车次会尽可能安排在同一站台两侧，后者恰好在前者到站后 5~10 分钟开车，既不会误车，也不用等太长时间。

后来每到一个城市我们都会先去火车站拿一本该市开往全国各地的列车时刻指南，在瑞士境内穿梭，简直比在大城市坐 BUS 或者地铁还要方便。

在瑞士的一点一滴，这里不足道尽。只想记录下这段日子里触动了我的那些温馨、和谐的时刻：关于人与人的和谐、建筑与自然的和谐、新与旧的和谐，这些貌似微不足道的点滴深深震撼了我，令我思考良久。

右：提契诺山区风光

下：日内瓦湖畔车窗中的风景

电话亭

机场巴士站

学校

地铁站

瑞士制造
Swiss Made

“瑞士制造”如今几乎成了精致与经典的代名词。

一次在报纸上看到，一件普通商品假如印有“瑞士制造”这四个字就会增值 20%，更不用提那些名扬四海的钟表机械与奢侈品。

在我所熟悉的建筑领域也是一样，近一百年里，一代又一代瑞士建筑师建造出令人惊叹的作品，从柯布西耶到彼得 · 卒姆托、从赫尔佐格与德梅隆到马里奥 · 博塔，思想哲学也许迥异，但建造品质同然非凡。

建筑作家斯蒂芬 · 斯皮尔曾在《瑞士制造》一书中谈及造就瑞士建筑的几大原因。

第一点在于作为欧洲近现代史上的中立国家，瑞士城市没有经历过战乱，因此也不会经历柏林、鹿特丹那般宏伟彻底的重建规划，对于颠覆式的现代主义理想社会并不狂热。即使在战争期间，瑞士人也坚持自己的工商业发展、不断建设完善家园，冷眼站在潮流之外不折腾也不排斥。

第二点在于瑞士人不太把建筑看做一门学术理论，而是将其看待为一门关于建造的手艺，“建筑就是建筑”。20 世纪后半叶兴起的后现代理论、解构主义、波普艺术等等在瑞士影响甚微，这里的建筑师也不喜欢参考动辄理论层出的美国、英国，而是更偏爱西班牙、葡萄牙意大利面向建造本身的建筑实践。

还有一点不得不提的是瑞士人受地形所迫发展出的一系列隧道、桥梁、铁路工程技术，位于阿尔卑斯山脉深处，被峻岭、河流、湖泊切分得支离破碎，瑞士人却发明了一整套先进的工程技术方法，以最高效、密集的铁路公路网络领先于世界。而伴随着工程技术的不断发展，精益求精的严谨精神深深铭入瑞士人的性格之中。

如今走在瑞士每一座城市，都可以清晰辨别出这种极简主义风格与精密制造工艺相结合的建筑活动。各种不同的材料，无论是博塔经久实践的砖或是卒姆托信手拈来的混凝土、石头或者木材，都以简约至极的方式表达在建造中，并辅以纯粹细部令人钦佩不已。

甚至一座普通的街头电话亭，采用厚重的弧形玻璃建造而成，工艺细腻以至于可以如推拉门一般开合滑动，成为城市夜间明亮而不刺眼的“灯塔”。

这是一个并不太崇尚形而上思潮与批判性理论的国度。在瑞士著名学府苏黎世高等工程学校（ETH），教授们并不过多评判设计概念的高下而更重视建筑本身的品质，他们甚至抱怨欧洲其他国家的实践传统被美国式理论化实践摧毁殆尽。或许在他们眼中“用作品说话”才是瑞士制造背后的设计哲学。

结构之美
——卡拉特拉瓦作品两例

The Beauty of Structure, Two works of Calatrava

Stadelhofen车站

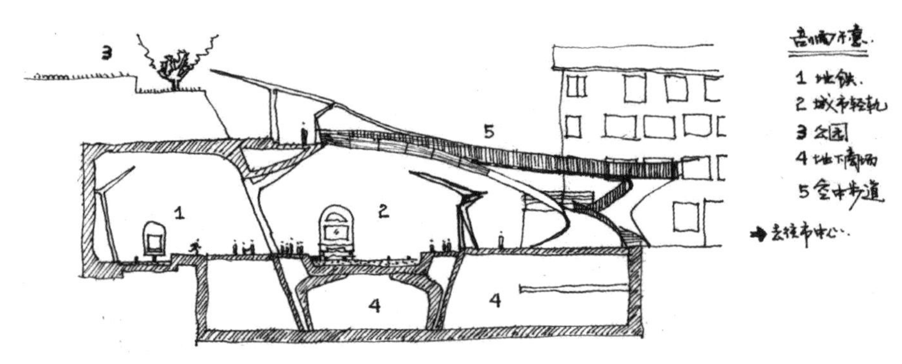

车站剖面示意图

在 Stadelhofen 车站，平均每四分钟就有一辆车驶入，将无数通勤者送入苏黎世市区。这个曾经的郊区小站如今已成为火车、轻轨和区域铁路的交汇枢纽，是苏黎世市民最喜爱的建筑之一。

“瑞士制造”所推崇的方形体量、直线构造在这座建筑中被西班牙人卡拉特拉瓦大胆地挑战着。混凝土、钢结构与玻璃好像一副巨大的骨骼，从山中生长出来，并与大地融为一体。

车站分三层，首层 270 米长的月台上，重复着的 Y 形三角柱承受着屋顶荷载，构成鱼骨形框架，赋予车站以强烈未来感的轻盈形式；地下一层则是雕塑式的巨型混凝土“肋骨”，形似鱼腹，容纳下各式各样的商业功能和换乘通道。引人瞩目的钢结构细部和混凝土悬臂梁展现了结构工程师出身的卡拉特拉瓦对于不同材料的娴熟运用，并

右：苏黎世大学法学院新图书馆

最令人激动的是这座建筑的电梯体验，随着中庭角部电梯逐层上升，会观察到中庭的空间的透视线不断展开与收缩，形成不同寻常的节奏韵味。

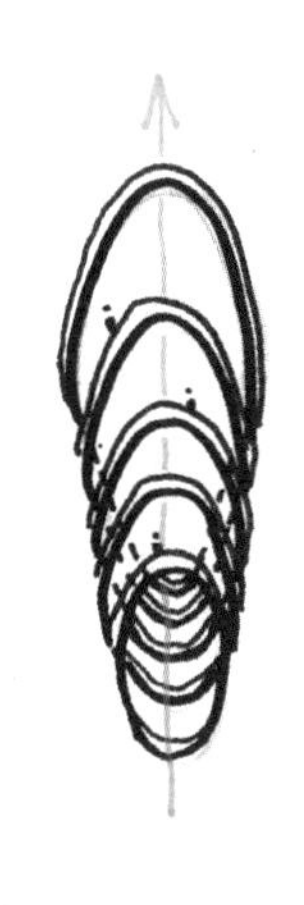

置的两种材料也相得益彰，和谐地组成了这座充满想象力的建筑。

十五年之后，卡拉特拉瓦为这座城市献上了第二座财富——苏黎世大学法学院的新图书馆。

这是一个旧建筑改造项目，原先伫立于此的是20世纪初修建的实验室。为了弥补近年来法学院的扩建要求，学校不得不在其中央空地扩建出开架阅览室与自习室。卡拉特拉瓦将一个椭圆形的室内中庭置入这座七层楼高的图书馆，并在其上方设计了近30米高的橄榄球状天窗。天窗上的钢结构杆件可以根据太阳高度的变化自动张合，将适合阅读的自然光线引入室内，令人不得不拍案叫绝。

不过参观途中更大的惊喜来自电梯上下穿梭时的体验，中庭椭圆弧形的轮廓会在电梯升降中不断地展开与收缩，构成美妙的韵律与节奏。

苏黎世·斯塔德霍芬车站 2009/10/16

人群如潮水般涌入城市，斯塔德霍芬是一座港，在日复一日的吞吐中成了浪的延伸。

1
B
1
11.38
S12
Baden Brugg

游瓦尔斯温泉浴场

Zumthor's Thermal Bath, Vals

去瓦尔斯（Vals）温泉浴场就好像是一次朝圣。

从 Zurich 坐火车到卒姆托事务所的所在城市 Chur，然后换区间慢车去小城 Ilanz，最后再换小巴到 Vals。沿着峻岭和溪流行驶了四五个小时后，我终于来到了这个山谷尽头的小村庄。

Vals 是一个一眼可以望尽的小村庄。大多数建筑是些木制小阁楼，或三三两两聚在一起，或孤零零地落在半山腰。掩映在树林里的温泉旅馆的两栋 10 层左右的高楼，算是非常显眼的摩天楼了。可能是由于地处狭长山谷的尽端，这里的一切都显得极为安静，东西两侧隶属阿尔卑斯山系的高耸山峰将山外的世界完全屏蔽开来，唯有鸟声虫鸣时而划破寂静。

很少能见到常住居民，聚集在公车站旁的也多是慕名而来的游人。从 Ilanz 与我们同车进山的除了另外一对浴室客人，便是负责给浴场餐厅演奏钢琴和大提琴的乐手。

坐拥着全州唯一一处温泉资源，Vals 村民早在 1893 年便修建起了一座温泉旅馆。到了 20 世纪 30 年代旅馆扩建出一个室外浴池，60 年代又采用了当时流行阿尔卑斯地区的粗纹石材做法进行扩建。因此，眼前这座由卒姆托设计的浴场已经算是第四代了。自从 90 年代初浴场完工之后，小镇 Vals 伴随着浴场的声名一夜间传遍欧洲，不仅在瑞士成为家喻户晓的温泉度假胜地，更引得全世界无数建筑师慕名而来。新的机遇改变了小镇的经济生活，村民们集资又修建起了几个旅馆和其他度假设施。

右：阿尔卑斯山谷中的浴场

下：嵌入山中的岩石

这是一座扎根在此时此地的房子，建筑的坐向、剖面起伏决定于天然岩石层的连续序列，这些石头从1000米外的采石场采下、运来并完全嵌入山坡原有的形势里，并与预应力混凝土一起构成了承重墙结构。

从外部看上去，这座浴场四四方方、乍一看平淡无奇，其镶嵌在峡谷山坡之中的姿态仿佛裸露在外的一颗灰黑色的巨岩。据说卒姆托的灵感来源于一口矿井，从中有山泉源源不绝地喷涌而出。山中有石，石中有水，建筑变成了这山、石、水交相辉映的集合。

为了看看浴场的外观全貌，我不得不沿着其所在的山坡鬼鬼祟祟地爬了一圈，活脱脱一副狗仔的模样。尽管在书本上已经看过它数十次，但当我站在山坡上和它面对面时，还是大大地吃了一惊。石砌的墙粗壮地扎根在坡上，仿佛天生长在那里，然而其中窗洞开口的边界线脚处理却显出瑞士人独特的细腻。

浴场的顶部完全被草坡覆盖住，蔓延至山体中。一组花状射灯排列成整齐的矩阵，好像是草地上的一组园艺，其实是中央浴场的蓝色顶灯，向室内散射出蓝色的幽光。狭窄的条状玻璃天窗方方正正的嵌在草坪里，成为迷宫式的网状路径。而在室内，天窗的光把石材的轮廓勾勒得方正挺拔，同时又在墙壁上留下一线神秘的光影。

“游走”

进入浴场之前，我问服务生要这里的平面图。没想到服务生神秘的笑笑说，“我们不提供平面图纸或者官方路线，而是希望你们能以探索的方式独特地体验这样一座建筑”。

左：
浴场顶部的花形射灯与条状光槽

右：
中央浴池中洒下的天光

浴场由许多方形的“石屋”组成，容纳着不同温度的池水供人进行不同的洗浴活动。除了温度区别，这些浴池里还有各种主题：冰池、火池、香池等，此外的音乐屋或者桑拿房也各有异趣，令人佩服于建筑师用看似简单的构造与材料创造出丰富变化的本领。

而在不同的“石屋”之间是混凝土构成的交通空间，这些“走廊”有的呈台阶状浅浅地没入池水之中、以水路通向室内浴池或者室外的浴场。惊喜之一在于室外池和室内池之间，竟然有一扇玻璃是用铁帘替代的，浴者可以自由的在内外穿梭，在天气寒冷的时间可以从温暖的室内下水而不必在室外的冷风中哆哆嗦嗦。

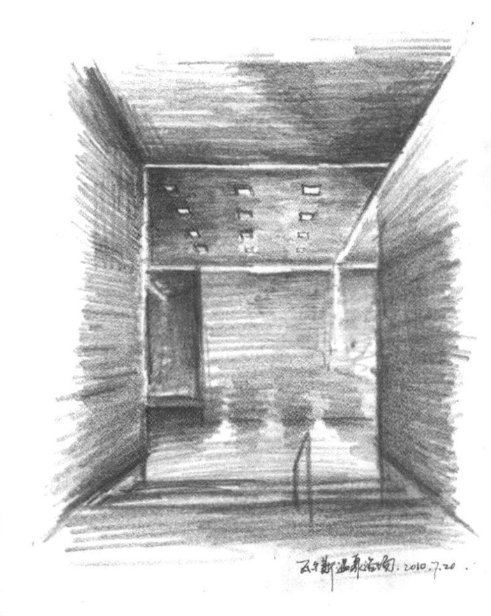

“游动”空间

这是一个只有“游”才能完全体验的建筑，室内外浴池之间通过水帘穿通。而神秘的回声浴场蜷缩在建筑一个阴暗的角落，只有游客游进水中，待水漫过肩头才可以发现右侧的暗道，进入与世隔绝的私密角落。

更意想不到的是，当我无意中踏入浴室一角一个3平方米左右的小池、想一睹上方的天窗时，却在昏暗的灯光下发现池水在动。我充满好奇地走入池中、待水漫过肩头之后，这才发现右手边有个1米宽的洞天；我立即右转沿着“通道”继续走下去，侧面竟又有个半米宽的幽幽小径；第二次拐弯之后我发现前方仿佛有光；直到往前“游走”四五米，经过一个水面半米高的孔洞之后灯光突然明亮起来，我发现自己身处于一个五六米高的条石砌筑的温泉浴室。那一刻，我完全呆住了，这样一个只有通过游才能到达的空间，彻底颠覆了我对于到达方式的全部想象。

这时，书本里的卒姆托也仿佛在我耳畔重复着他的话，“游走在这个空间意味着探索，如同在灌木丛中一般，每个人都在寻找属于他们自己的路径”。这句被重谈了百遍的陈词，我发现自己刚刚明白过来。

从天而降的一线天光以及落在墙上的光与影赋予整座浴室神秘而沉静的气息。透视和全景都不属于这座迷宫一般的建筑。在这里，人的视线仿佛被严格控制着，突如其来的黑暗角落让人不得不瞩目头顶神秘的光；走廊的迂回曲折让人不得不关注墙面的细致纹理；而面向高山的大窗与长椅让人不得不放目远望。

这不是一个靠技术性的设施博取游客的浴场，游戏、游乐性设施也丝毫不见。仅凭单一的石砌环境，建筑却让人可以完全静下心来：享受与水的亲密、彻底的放松，感受水在身旁的轻微律动、触摸石材那淳朴的质感。这些细致至极的苦诣，最终成就了这座建筑的力量。

光的惊喜

10厘米窄天窗中射下的光，弥散在浴场的石材面上，形成幽静而神秘的气氛。

游动空间 · Therme Vals 2010/7/16

“游走在这个空间意味着探索，如同在灌木丛中一般，每个人都在寻找属于他们自己的路径”

——彼得 · 卒姆托

洛桑·笔记 2010/7/16

访洛桑联邦理工学习中心

SANAA EPFL Rolex Learning Center

当我站在洛桑联邦学院学习中心时，我的脑海里只有一个词：自由。

更薄的结构，更深的悬挑，更灵活的空间分隔，更流动的平面流线，这些理想全部在洛桑变成了现实，成为一座天马行空般超乎常理的“自由”建筑。

在介绍这座得意作品时，建筑师西泽立卫提到一种人与建筑间的互动关系，这种互动赋予了人们在交往活动中的自由。抽象的“互动”与“自由”转译成为了平面中压倒性的弧线（curve）以及竖直方向上乐此不疲的坡道（slope）。西泽说，“直线与直线之间只会产生交叉，是一种相对简单的关系。而事实上（弧线）成为一个有机的组织。”因为弧形之间的暧昧空隙，许多功能区域之间的界限被模糊了，产生了许多“自由的”、“难以定位的”、“暧昧不清的”空间。相应的，这些暧昧的空间也使人的行为更自由了，仿佛置身于一座园林中，一方面很难将某一个局部归结于某种具体功能，另一方面也无法洞察出某种规律性的轨迹。置身其中的第一刻起，我就迷失了方位，只能漫无目的地游走。

因为来访的时候正值暑假，学生并不多见。于是在学习中心里，除了左顾右盼的建筑师，就只能看见建筑师的孩子们。这些孩子开心地四处奔跑着，在坡道上滚跑摸爬，

洛桑联邦理工学习中心

“SANAA（妹岛和式与西泽立卫）的作品同时体现出微妙和力量、明确和流畅，它非常巧妙但又不过度卖弄聪明。从建筑设计的创造性上来看，这些作品成功地与它周围的语境结合在一起，同时它所包含的运动则又建立起一种丰满的感觉和经验上的丰富性。他们建立了一种非凡的建筑语言，这种语言从激动人心的协作的过程中涌现出来。无论是从他们已经完成的著名建筑，还是从他们对新项目的承诺，妹岛和式与西泽立卫都值得得到2010年度普利兹克建筑奖的认可。”

2010年普利策奖评委会致辞

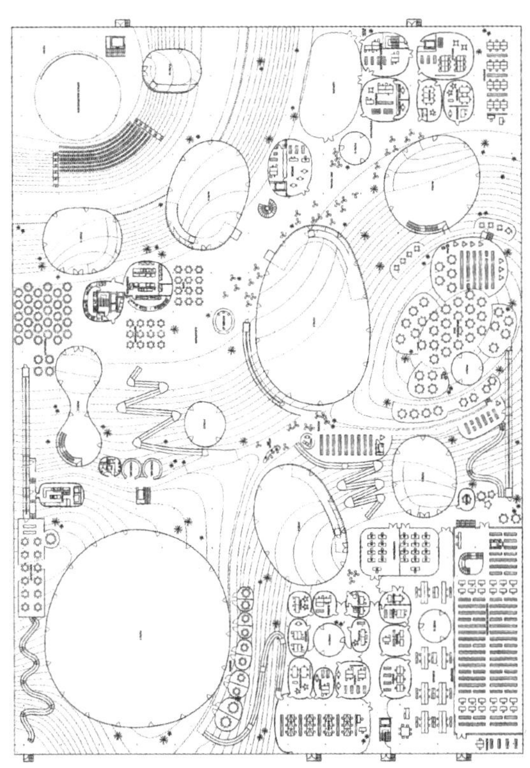

与其父母严肃的神情形成的鲜明的对比。对比似乎暗示着这里更像是一个游乐场，适合穿越与漫游，而非某种刻意而为的“学习”。

另一重自由是建筑赋予外部场地的无限可能。洛桑中心的另一位建筑师妹岛和式曾说他们希望将这个学习中心建造成一个融于周边环境的“景观”，而非兀立的建筑。实地看来这确实像是一座昂贵的人造景观，以扁平的身躯起伏伸展着，荫蔽着连续的地面空间。每一个圆形庭院内、每一座巨跨下都有一番风景。既可以布置休憩的长椅，也可以组织讲座集会。当我站在建筑的高点，或者透过悬挑之下的空隙，也可将周边的树林与远方的湖泊尽收眼底。

如果仅从外观上看，建筑的结构也颇为“自由”，似乎可以根据美观要求随意起伏、弯曲，然而实际情况却比想象中艰苦得多。为了产生流畅、简约的空间效果，妹岛和西泽必须与工程团队紧密合作,进行深入而繁琐的设计考量。仅就地板的曲线设计，他们最后就制作出超过一千四百种混凝土模板。据另一份资料表明，为了以相对轻薄的结构实现远超过普通建筑的跨度，建造过程里需要将 4 倍于常规建筑的钢筋加到单位体积的混凝土中，结果导致 1 亿欧元的巨额预算一次又一次被突破。

像许多明星建筑一样，这座建筑本身作为展品的意味远大于一个实用的学习中心。“景观化”元素和“自由”空间，免不了在实际应用中会遭遇很多问题。一方面，建筑一半以上面积为各种坡道，而坡道的不规律坡度使其根本无法满足包括无障碍设施在内的规范要求，于是最终建筑里加了很多额外的楼梯、无障碍扶梯等设施，概念设计中的空间流通性大打折扣。

另一方面，这座建筑中几乎没有地方可以放置家具，为数不多的两块平地一块做成了餐厅一块做成了门厅咖啡，却没有多余的空间供“学习”使用。然而下有对策，使用者们也着实聪明，用许多沙袋当成家具，解决了大面积坡道的浪费问题，造就了独具一格的舒适的沙袋椅阅览室，供读者或坐或卧，自在极了。

建筑师模型 （源于El Croquis 妹岛和式与西泽立卫专辑）

高处的餐厅

低地的入口

巨跨下的庭院

廷圭利博物馆
Tinguely Museum by Botta

雕塑大师、设计怪才让·廷圭利1991年逝世之后，霍夫曼——罗彻基金会邀请瑞士南部建筑师马里奥·博塔设计了一座博物馆，以容纳艺术家尺度不同的各类作品。

这座建筑坐落于莱茵河岸边，建筑采用了天然红色的石材与深色的钢结构框架，与廷圭利的钢制活动雕塑相适应。博塔对于场地进行了精心的策划，一方面以一座实墙隔离了毗邻的机动车道噪声，一面将建筑立面开放朝向西侧的原有公园；另一方面在南侧的序厅建立起漫长的沿河步道，让旅客在欣赏艺术品之前得以欣赏莱茵河畔的美景。当我走入这座序厅时，瞬间被优美的曲线轮廓所吸引，而窗前立柱也呈现出美妙的节奏与韵律。

建筑内部中性的空间四方高大，容纳着艺术家几厘米到几十米尺寸的艺术装置。这在设计之初引起了一些质疑，许多人认为将廷圭利那些富有动感的活动装置放在一个静态的博物馆中是一种遗憾，违反了艺术家当初的反学院姿态与娱乐精神，还不如摆在街头。后来直到当博塔的建筑落成之时，质疑之声才慢慢平息下去。

巴塞尔廷圭利博物馆

沿河序厅长廊

访维特拉中心

Vitra Factory: An Architecture Museum

位于德瑞边境上的城市巴塞尔是任何一位建筑旅行者都不该错过的一站。

这里不只有赫尔佐格 · 德梅隆事务所的十余所呕心力作；也坐落着马里奥 · 博塔的成名作廷圭利博物馆和伦佐 · 皮亚诺的贝耶勒基金会博物馆。然而更大的诱惑来自巴塞尔市郊德瑞边境旁的小镇魏尔（weil am rhein），那里的家具设计制造厂维特拉（Vitra）由十余位世界级建筑大师陆续设计完成，可以说是一座名副其实的“建筑主题公园”。

维特拉厂的老板是一位极其狂热的建筑爱好者与收藏家拉夫 · 费尔鲍姆 Rolf Fehlbaum。当 20 世纪 80 年代初，维特拉的大部分厂房年事已高需要更新换代之时，费尔鲍姆邀请许多刚刚崭露头角的建筑师与设计名家为维特拉厂区设计工厂、销售中心、博物馆、消防站。这其中，安藤忠雄和弗兰克 · 盖里都是第一次在欧洲实现他们的建筑理念。

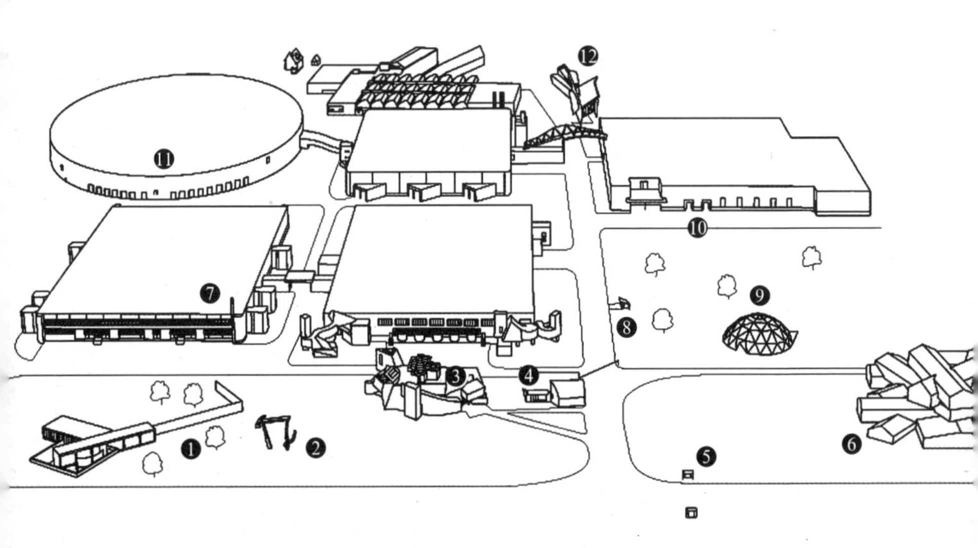

① 会议中心，建筑师 / 安藤忠雄
② 雕塑《平衡工具》，艺术家 / 克拉斯 · 欧登伯格
③，④ 维特拉博物馆、门房与家具工厂，建筑师 / 盖里
⑤ 公共汽车站，设计师 / 杰斯帕 · 莫里森
⑥ 维特拉中心，建筑师 / 赫尔佐格与德梅隆
⑦ 家具工厂二期，建筑师 / 格雷姆肖
⑧ 加油站，建筑师 / 让 · 努维尔
⑨ 穹，建筑师 / 富勒
⑩ 家具工厂三期，建筑师 / 阿尔瓦罗 · 西扎
⑪ 家具工厂四期，建筑师 / 妹岛和氏与西泽立卫
⑫ 消防站，建筑师 / 扎哈 · 哈迪德

家具工厂一期
设计：盖里

家具工厂一期
设计：西扎

消防站
设计：扎哈

穹
设计：富勒

费尔鲍姆的热情不仅仅局限在建筑上，而是热衷于收藏各行设计领域中的翘楚之作。他邀请艺术家克拉斯 · 欧登伯格制作了雕塑《平衡工具》，而著名设计师杰斯帕 · 莫里森则被邀请设计厂区门口的公共汽车站。更令人咋舌的是，费尔鲍姆连厂区门口的街道都不放过，申请将之命名为查尔斯 · 伊姆斯（美国著名建筑师与家具设计师）大街。

经过近三十年的苦心孤诣之后，如今这个厂区成为举世闻名的建筑主题公园，每年需要接待四万多名慕名而来的建筑爱好者。费尔鲍姆的建筑热情和倾力赞助，意外地提升了这个家具工厂的知名度和经营业绩，他个人也以建筑收藏家的身份长期位列世界建筑最高奖——普利策奖的评委席，这也意味着建筑界对这位商人数十年热情赞助的一种感激与肯定。

维特拉·笔记 2009/7/18

舞动的房子

Gehry's Vitra Museum

维特拉厂区的规划概念，最初是在瑞士雇主费尔鲍姆与美国建筑师盖里的一次偶遇中产生的。那时，盖里受好友雕塑家欧登伯格邀请参观其为维特拉设计安装的一座雕塑装置《平衡工具》，费尔鲍姆偶然间问盖里可不可以为他设计一座博物馆，以容纳其与日俱增的家具藏品。

这是盖里第一座全白色建筑，也是他的第一座欧洲建成作品。倾斜的塔，扭动的楼梯，凌乱的身姿，继承了盖里一贯的表现性风格。他解释说这也是向这一地区另外两座名作致敬：柯布西耶的朗香教堂与鲁道夫 · 斯特内的歌德纪念馆。费尔鲍姆对这座建筑很满意，之后又委托盖里设计了其西侧的一座家具厂房。

盖里设计的维特拉家具博物馆

维特拉·笔记 2009/7/18

梦幻屋——访维特拉中心

Vitra House, Herzog and De Meuron

盖里设计的博物馆落成之后的二十年中，维特拉集团的家具收藏一天也没有停下。面临堆积如山的经典产品，费尔鲍姆迫切地需要一座新的展示建筑，向越来越多的游客展示维特拉的收藏与抱负。而设计这座建筑的重任落在了瑞士建筑师组合赫尔佐格和德梅隆的身上。

赫尔佐格和德梅隆提出了一个直截了当的想法：将多个小住宅垂直套在了一起，既方便在每一个住宅中应景的布置、陈列家具产品，又可以通过不同住宅单元间的错动创造惊喜。

这个概念在现实中很受欢迎。当我参观完盖里设计的博物馆来到这座建筑里，我发现几乎所有的游客都显得更放松愉悦。相比在一座“博物馆”里参观家具，人们可能更易于在“家”的设置中发现喜爱的产品，并由此联想起理想中的“家”的感觉。

不只是家具与建筑相得益彰，这座建筑和室外的美景融在了一起。一座座住宅单元山墙敞开为落地长窗，它们如景框般收集起的一幕幕景色：图林根山色、铁轨线路以及莱茵河畔的平原，将游客们的流线丰富地串接了起来。

日益增多的游客使得维特拉和建筑师认识到新的问题，即建筑之外的等待空间的重要性，这些容易被忽视的细节将直接关乎游客们对于维特拉的第一印象。于是瑞士人细致地研究了各种椅子、壁龛、雨棚的设计并和建筑形体结合在了一起，除此之外还在灯具上做足文章。细心的游客会发现，室外草地上的灯即是2008年奥运会所采用的鸟巢灯。身为鸟巢主设计师的赫尔佐格和德梅隆可没有忘记在这座设计主题公园里推销自己的杰作。

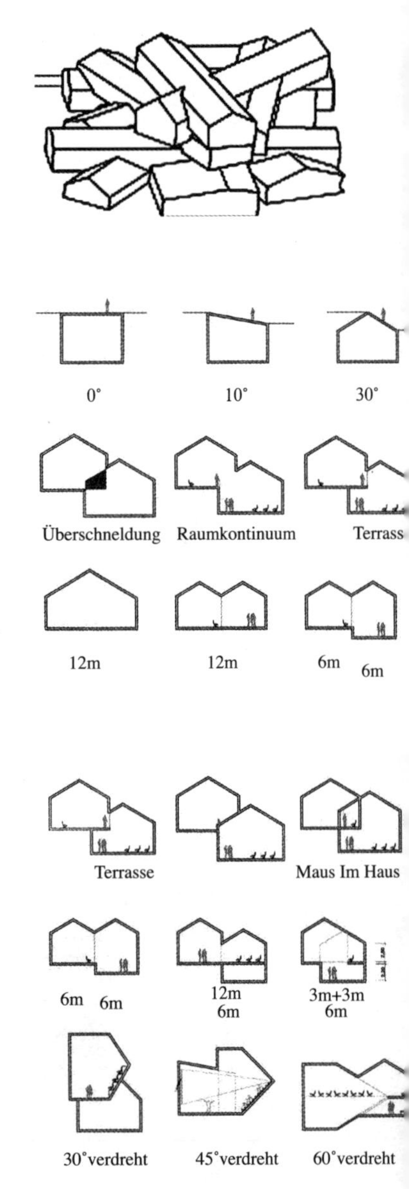

维特拉中心：单元之穿插

维特拉中心：展示单元

维特拉·笔记 2009/7/18

从草图到建筑——访维特拉消防站

Zaha's Vitra Fire Station

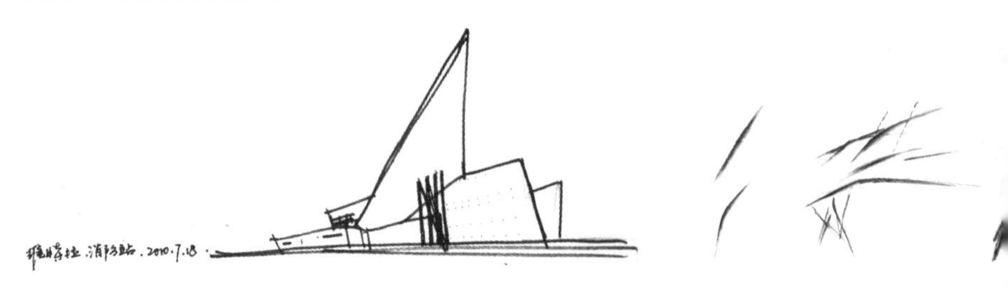

一开始费尔鲍姆邀请扎哈·哈迪德设计的是一件家具，而后阴错阳差地扩展成了一件建筑。这座建筑的功能要求很模糊，名义上是消防站，但也需要能转换为别的功能使用。

哈迪德的构思，希望用线条抽象化消防员的运动，然而这些线条转化的墙体并不只是平面化的，它们变得倾斜、狭窄，仿佛被一种无形的力量爆炸开来，夸张的透视与尖锐的平面边缘产生一种强烈的张力。

然而从扎哈最初充满动感的草图到最后的建成物，并不是一件简单的事。为了不

建筑师草图之演变

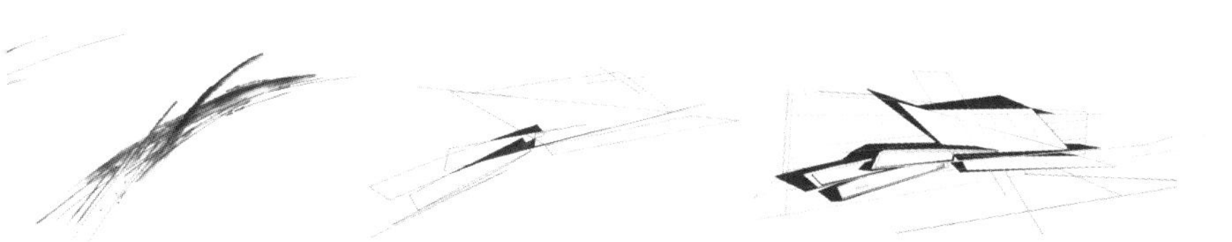

破坏狭长、裂变形式的建筑空间，扎哈希望室内完全没有柱子，仅靠墙体支撑。在结构工程师的帮助之下，清一色的预应力混凝土墙实现了这个想法，使得内外空间有所交错。仅仅在室外入口处的飞檐，建筑师迫不得已使用了一组纤细的钢柱。

建成后，这座形式感重于实用性的建筑始终无法作为消防站使用，于是干脆闲置起来供游人参观。有时消防站会被作为设计博物馆的扩展部分承接一些临时展览，还有的时候消防车库充当小型报告厅，而二层的休息室作为俱乐部聚会场所，这些怕都是建筑师始料未及的吧。

特立独行的安藤忠雄

Tadao Ando's Vitra Conference Building

左1：迂回入口
左2：下沉庭院

右：弧墙楼梯

与扎哈的消防站同年完成的还有由安藤忠雄主持设计的会议中心。这是一座内敛沉静的庭院式建筑，与盖里、扎哈这些戏剧化的建筑风格截然不同。

日本建筑师安藤非常强调建筑与自然环境的关联，他首先根据场地特点以迂回的折线形墙体退让出三棵樱桃树，围合起一个地上庭院作为入口，然后又将两层的建筑体量置于地下，从室内延伸出清水混凝土墙体，创造出一个下沉庭院供会议者讨论和静思，屏蔽掉了两旁乡间公路与家具工厂中的喧哗纷扰。

然而，内敛的个性并不是这座建筑仅有的特立独行之处。在这座建筑里行走，尺度感完全不同。狭窄的入口，狭窄的楼梯，狭窄的走道，似乎都只有欧洲惯例的一半。假如两个人在走廊中相遇，必有一人需要侧身才能避免相撞。这种体验令人联想起日本的寄数屋和东京紧凑的住宅，赋予了这座建筑住宅似的私密与沉静。想来这日本人与生俱来的危机感和人口压力也许有关，这压力让他们更精心经营每一寸土地，也让他们更投入与每一处细致环节的亲密接触：即以全方位感官体验替代视觉经历的建筑观。

贝林佐纳·笔记 2009/7/28

世遗城堡的新生

Restoration of Castelgrande in Bellinzona

来到贝林佐纳，不能不看三座城堡：大城堡（Castelgrande）、蒙特贝罗城堡（Montebello Castle）、萨索·科尔巴洛城堡（Sasso Corbaro Castle）。这三城堡曾经作为军事要塞遥相呼应，而今天它们被保护为世界文化遗产，成为提契诺建筑文化的象征。

15世纪，在贝林佐纳这座"通往意大利的门户"城镇，为了抵挡瑞士人进犯，米兰公爵建造了一个庞大的防御重镇：城堡、城墙、宫殿、教堂、军火库和监狱连为一体。然而仅仅一个世纪以后，这些防御设施便被转让给了瑞士联邦。尽管经历了罗马人、米兰人、法国人和瑞士人的反复经营，城堡群在20世纪初陷入颓圮，直到30年前才终于募得一笔私人捐款得以开展修复工程。

建筑师Aurelio Galfetti承担起了新兴城堡的重任，希望实现"通过更新来保护遗迹"的主张。他并不仅仅关注于建筑物的保护，而是注意到城堡顶部的室外空间，有潜力将其转换为公园，并采用现有的材料，如岩石、砖墙、草地、哨塔，将中世纪的防御性装置改造为供普通市民平静放松的元素。如今，废墟遗址旁边被创造为一系列城市场所：宴会厅、画廊和展示空间，供市民和宗教活动的大厅。

左页左：远望城堡
左页右：大城堡入口
上：大城堡电梯间
下： 大城堡剖面示意

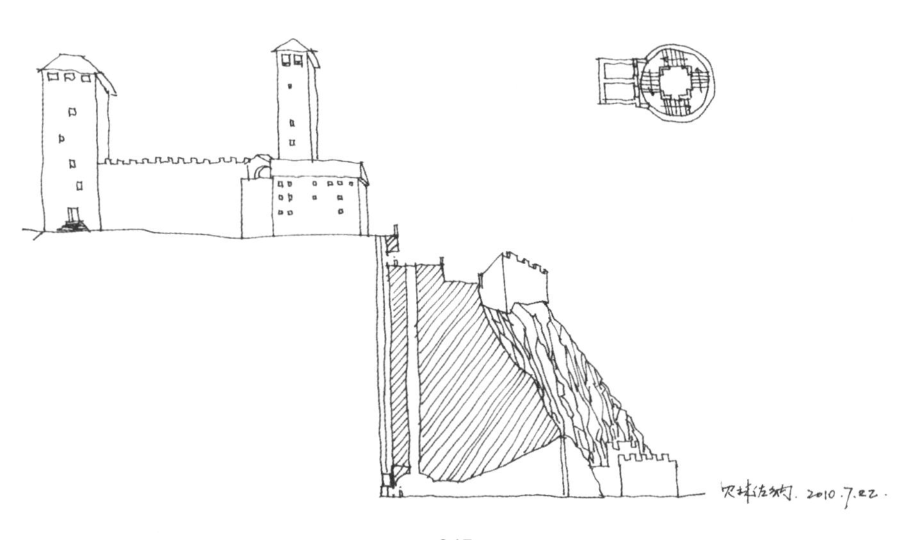

为了改善城堡与其下方的城市完全脱离的状态，建筑师设计了一系列沟通城市地面层与城堡台地之间的路径，其中包括一座宏伟的电梯，以深深的甬道连接起 del Sole 广场。在景观设计上，南面台地状的葡萄架园地成为了城市向城堡高地的自然延伸，而在北侧建筑群剔除了杂草和多余构筑物，树立起纯粹而强烈的城堡形象。

与平地拔起的大城堡相比，蒙特贝罗城堡坐落于城南山坡上，与古城墙相连。

这座建筑中可以清晰分辨不同时期的建造痕迹：中心的早期残垣、两排中世纪工事与高塔。20 世纪 70 年代建筑师坎皮（M. Campi）等在完整保存的城堡外壳中嵌入精致的钢制结构，将城堡转换为陈列人类学藏品的博物馆。

作为提契诺“La Tendenza”运动中最著名的建筑师，坎皮并不能算作一个纯粹的现代主义者，并不感兴趣于推翻历史的新工艺理想。他更像是一名工匠，潜心多年钻研结构体系和建构细部，强调“诚实而贯彻”的重要性。蒙特贝罗城堡就是这其中典型的一例，他并不区别对待历史性与现代性的建筑语言，从场地出发提出一种融汇了不同建构元素的方案。

无论是坎皮还是奥列里奥，这些瑞士建筑师面对世界文化遗产却并没有畏首畏尾，而是雄心勃勃地实施了彻底的现代化改造方案，将历史残片和现代瑞士工艺并置起来，构筑起一座座摩登巨岩，树立在贝林佐纳城中。

左：蒙特贝罗城堡博物馆入口

右：蒙特贝罗新旧建筑衔接细部

图书在版编目（CIP）数据

寻找城市　一名建筑师的欧洲旅行笔记/陈曦著．
北京：中国建筑工业出版社，2011.11
ISBN 978-7-112-13838-8

Ⅰ.①寻…　Ⅱ.①陈…　Ⅲ.①城市－建筑艺术－欧洲　Ⅳ.①TU-865

中国版本图书馆CIP数据核字（2011）第255219号

责任编辑：马　彦
责任设计：叶延春
责任校对：姜小莲　赵　颖

寻找城市
一名建筑师的欧洲旅行笔记
陈曦／著
*
中国建筑工业出版社出版、发行（北京西郊百万庄）
各地新华书店、建筑书店经销
北京嘉泰利德公司制版
北京画中画印刷有限公司印刷
*
开本：880×1230毫米　1/32　印张：$7\frac{7}{8}$　字数：224千字
2011年12月第一版　2012年8月第二次印刷
定价：58.00元
ISBN 978-7-112-13838-8
(21401)